常用办公软件

董 蕾 主编

潘 军 吕 峰 刘 莹 副主编

段 欣 主审

电子工业出版社

Publishing House of Electronics Industry

北京·BEIJING

内 容 简 介

《常用办公软件》采用 Windows 7+Office 2013 版本，由 6 个单元组成，单元 1 为计算机基础知识；单元 2 通过"设置桌面""管理我的资源"2 个任务介绍 Window 7 的基本操作；单元 3 通过"制作宣传文稿""美化宣传文稿""制作个人简历表""制作招募海报""制作校园文化活动策划书"5 个任务讲解 Word 2013 的基本操作、格式与页面设置、表格操作、图文混排和长文档排版；单元 4 通过"制作成绩单""统计成绩""制作成绩图表""成绩汇总"4 个任务介绍 Excel 2013 的基本操作、单元格操作、地址引用和公式使用、图表制作及分类汇总；单元 5 通过"制作工作汇报演示文稿""制作电子相册"2 个任务介绍演示文稿制作、主题设置、动画设置、切换设置、放映设置；单元 6 通过"收藏我喜欢的网站""下载 QQ 并安装""电子邮箱和电子邮件"3 个任务讲解 Internet 基础知识、浏览器的使用、网站的浏览与收藏、应用软件的下载与安装，以及申请邮箱与收发电子邮件的技巧。

本书内容深入浅出、循序渐进、结构清晰、通俗易懂。本书既可作为各类中高职计算机相关专业"计算机应用基础"课程和"常用办公软件"课程的教材，也可作为学生自学参考书。本书提供电子教案、练习素材、配套微课等资源，方便教师组织授课和学生练习。

图书在版编目 (CIP) 数据

常用办公软件/董蕾主编.—北京：电子工业出版社，2019.6

ISBN 978-7-121-24884-9

Ⅰ．①常…　Ⅱ．①董…　Ⅲ．①办公自动化－应用软件－职业教育－教材②表处理软件－职业教育－教材　Ⅳ．①TP317.1②TP391.13

中国版本图书馆 CIP 数据核字（2014）第 274886 号

策划编辑：关雅莉

责任编辑：罗美娜

印　　刷：北京盛通商印快线网络科技有限公司

装　　订：北京盛通商印快线网络科技有限公司

出版发行：电子工业出版社

　　　　　北京市海淀区万寿路 173 信箱　　邮编：100036

开　　本：787×1092　1/16　印张：9.75　字数：249.6 千字

版　　次：2019 年 6 月第 1 版

印　　次：2019 年 12 月第 2 次印刷

定　　价：24.00 元

前　言

随着计算机在各行各业办公自动化中的广泛应用，常用办公软件的使用已经成为人们最基本的技能要求。《常用办公软件》课程是职业院校各专业学生必修的基础课，通过该课程的学习，学生可掌握常用办公软件的基本操作技能，为今后工作、学习和生活奠定基础。按照《国家中长期教育改革和发展规划纲要（2010—2020）》精神，参照《常用办公软件教学大纲》要求编写的《常用办公软件》，本着"面向应用、强化能力"的宗旨，结合学习与实际应用需求，课程开发团队总结形成了具有广泛代表性、实用性的典型应用案例。通过对典型应用案例的学习与实践，可以激发学生学习的积极性和主动性，培养学生应用计算机解决实际问题的能力。

本书采用 Windows 7+Office 2013 版本，由 6 个单元组成，单元 1 为"计算机基础知识"，包括计算机发展、计算机系统组成、计算机发展趋势和计算机安全防范等内容；单元 2 为"Windows 7"操作系统，通过"设置桌面""管理我的资源"2 个任务介绍 Windows 7 的基本操作、控制面板的使用、文件和文件夹的使用及资源管理器的使用；单元 3 为"图文处理——Word 2013"，通过"制作宣传文稿""美化宣传文稿""制作个人简历表""制作招募海报""制作校园文化活动策划书"5 个任务讲解 Word 2013 的基本操作、格式与页面设置、表格操作、图文混排和长文档排版；单元 4 为"数据管理——Excel 2013"，通过"制作成绩单""统计成绩""制作成绩图表""成绩汇总"4 个任务介绍 Excel 2013 的基本操作、单元格操作、地址引用和公式使用、图表制作及分类汇总；单元 5 为"幻灯片制作——PowerPoint 2013"，通过"制作工作汇报演示文稿""制作电子相册"2 个任务讲解演示文稿制作、主题设置、动画设置、切换设置、放映设置；单元 6 为"Internet 应用"，通过"收藏我喜欢的网站""下载 QQ 并安装""电子邮箱和电子邮件"3 个任务讲解 Internet 基础知识、浏览器的使用、网站的浏览与收藏、应用软件的下载与安装，以及申请邮箱与收发电子邮件的技巧。

本书内容深入浅出、循序渐进、结构清晰、通俗易懂。本书既可作为各类中高职计算机相关专业"计算机应用基础"课程和"常用办公软件"课程的教材，也可作为学生自学参考书。本书提供电子教案、练习素材、配套微课等资源，方便教师组织授课和学生练习。

本书由山东电子职业技术学院董蕾主编，山东电子职业技术学院潘军，山东省济南商贸学校刘莹、吕峰担任副主编。其中，单元 1，2，4 由刘莹、吕峰编写，单元 3 由董蕾编写，单元 5，6 由潘军编写，全书由董蕾统稿，最后由担任主审的段欣定稿。

本书编写过程中，得到了山东省教育科学研究院段欣老师的具体指导，还得到了电子工业出版社的大力支持，在此一并表示衷心的感谢！

由于计算机技术不断地发展变化，Windows 操作系统和 Office 版本不断地更新，新的教育理念、教育模式也在不断地更新，加之时间仓促，书中如有不妥之处敬请广大读者批评指正。

为了方便教师教学，本书还配有教学资料包。请有此需要的读者登录华信教育网（http：//www.hxedu.com.cn）注册后免费下载。

编 者
2019 年 3 月

目　　录

目 录

Unit 1

单元 1

计算机基础知识

本章重点掌握知识

1. 计算机发展概况
2. 计算机系统组成
3. 计算机发展趋势
4. 计算机安全防范

任务描述

现如今，计算机已经和人们的生活密不可分，要想更好地使用计算机，就必须对计算机做全面地了解。

任务 1　认识计算机

任务分析

"罗马并不是一天建成的"，计算机发展到现在经历了数十年的时间。

王小兰是计算机专业的学生，她深刻地认识到学好计算机就必须首先熟悉计算机的发展、特点及分类等基础知识，大家和王小兰一起来学习这些知识吧！

计算机发展简史、计算机的特点、计算机的分类。

1．计算机发展概况

随着计算机技术的发展和通信技术的日趋成熟，人类已经进入了信息社会。大量的信息处理，如天气预报、电视、广播等都离不开计算机，可以说，计算机技术是信息技术的核心，学会使用计算机是现代社会对大家的必然要求。

（1）计算机发展简史

1946 年 2 月 15 日，第一台计算机 ENIAC（Electronic Numerical Intergrator And Calculator，电子数字积分计算机）在美国宾夕法尼亚大学诞生，其主要元件是电子管，每秒能完成 5000 多次加法、300 多次乘法运算，占地 170 平方米，重 30 多吨。ENIAC 的问世标志着计算机时代的到来，它的出现具有划时代的伟大意义。

在 ENIAC 的研制过程中，美籍匈牙利数学家冯·诺依曼总结并提出两点改进意见：一是计算机内部直接采用二进制数进行运算；二是由程序控制计算机自动执行。

从第一台电子计算机诞生到现在，计算机以空前的速度迅猛发展。

根据使用电子元器件的不同可把计算机发展划分为四个时代。

① 第一代计算机（1946—1957 年）。

◆ 主要元件：电子管。

第一代计算机体积大、耗电多、速度慢、造价高。受当时电子技术的限制，运算速度只有每秒几千次至几万次。在软件方面，第一代计算机采用机器语言，后期采用汇编语言。

② 第二代计算机（1958—1964 年）。

◆ 主要元件：晶体管。

与电子管计算机相比，晶体管计算机体积小、耗电少、成本低、逻辑功能强、使用方便、可靠性高。在软件方面，第二代计算机广泛采用高级语言，并出现了早期的操作系统。

③ 第三代计算机（1965—1970 年）。

◆ 主要元件：中小规模集成电路。

随着集成电路技术的发展，其在计算机中被广泛使用。磁芯存储器得到了进一步发展，并开始采用性能更好的半导体存储器。第三代计算机各方面的性能都有了极大提高，体积缩小、价格降低、功能增强、可靠性提高。在软件方面，第三代计算机广泛使用操作系统，出现了分时、实时等操作系统。

④ 第四代计算机（1971 年至今）。

◆ 主要元件：大规模或超大规模集成电路。

第四代计算机的基本元件是大规模集成电路，甚至超大规模集成电路。集成度很高的半导体存储器替代了磁芯存储器，运算速度可达每秒几千万次，甚至千百亿次。在软件方法上，产生了结构化程序设计和面向对象程序设计的思想。另外，网络操作系统、数据库管理系统得到广泛应用。微处理器和微型计算机也在这一阶段诞生并获得飞速发展。

（2）计算机的特点

现代计算机之所以具有如此强大的功能，是由它的特点决定的。概括地讲，计算机主要具备以下 5 个方面的特点。

① 运算速度快。

计算机的运算部件采用的是电子元器件，其运算速度远非其他计算工具所能比拟，而且，由电子管升级到晶体管，再升级到小规模集成电路、中规模集成电路、大规模集成电路等，其运算速度以每隔几年提高一个数量级的速度不断提高。

② 存储容量大。

计算机的存储器可以把原始数据、中间结果、运算指令等存储起来，以备随时调用。存储器不但能够存储大量的信息，而且能够快速准确地存入或取出这些信息。计算机的应用使得从浩如烟海的文献、资料、数据中查找信息，并且处理这些信息成为容易的事情。

③ 具有逻辑判断能力。

计算机能够根据各种条件来判断、分析、确定执行方法和步骤，还能够对文字、符号和数字的大小、异同等进行判断和比较，从而决定怎样处理这些信息。计算机被称为"电脑"，便是源于这一特点。

④ 工作自动化。

计算机内部的操作运算是根据预先编制的程序自动控制执行的。只要把包含一连串指令的处理程序输入计算机，计算机便会依次取出指令，逐条执行，完成各种规定的操作，直到得出结果为止。

⑤ 精确性和可靠性高。

计算机的可靠性高、差错率低，一般只会在那些人工介入的地方发生错误。计算机内部独特的数值表示方法，使得其有效数字的位数相当长，可达百位或更高，满足了人们对精确计算的要求。

（3）计算机的分类

计算机可分为通用计算机和专用计算机。

通用计算机依据其规模、速度、功能等综合性能指标可划分为超巨型机、巨型机、大型机、小型机、微型机、单板机、单片机，以及服务器、工作站、台式机、笔记本电脑、手持设备等。

专用计算机是针对某一特定应用领域或面向某种算法而研制的计算机，如在导弹和火箭上使用的计算机。

2．计算机系统

一个完整的计算机系统由硬件系统和软件系统两大部分组成，如图 1-1 所示。

硬件系统通常是指构成计算机的所有实体部件，都是看得见摸得着的。软件系统是指为运行、维护、管理、应用计算机所编制的所有程序的总和。通常把没有装配任何软件的计算机称为裸机。

图 1-1　计算机系统

（1）计算机硬件系统

按照冯·诺依曼的理论，计算机的硬件系统由运算器、控制器、存储器、输入设备和输出设备 5 大部分组成，如图 1-2 所示。

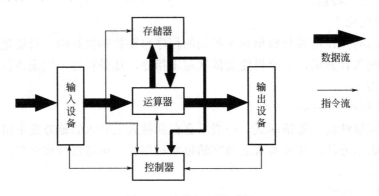

图 1-2　计算机硬件系统

① 运算器。

运算器又称逻辑单元（Arithmetic and Logic Unit，ALU），其功能是进行算术运算和逻辑运算。

② 控制器。

控制器根据程序中的指令要求控制各部件协调工作，共同完成任务，它是整个计算机系统的控制中心。

通常把运算器和控制器合在一起，称为中央处理器（Central Processing Unit，CPU），CPU 是计算机的"大脑"，它的性能对整个计算机的影响很大。

③ 存储器。

存储器用来存储程序和各种数据信息。在计算机中的存储器有主存储器和辅助存储器两种。主存储器主要采用半导体集成电路制成，分为随机存储器（RAM）、只读存储器（ROM）和高速缓冲存储器（Cache）三种。CPU 和主存储器组成了计算机的主机部分。

④ 输入设备。

输入设备用来输入原始数据和控制命令，常见的设备有键盘、鼠标、扫描仪等。

⑤ 输出设备。

输出设备用来输出运行的结果，常见的输出设备有显示器、打印机、绘图仪等。输入、输出设备及外存储器合称为外部设备，简称外设。

（2）计算机软件系统

软件系统分为系统软件和应用软件。

① 系统软件。

系统软件负责管理计算机系统中各个独立的硬件，使得它们可以协调工作。其作用是让计算机使用者和其他软件可以将计算机当作一个整体而不需要顾及每个硬件是如何工作的。

一般来讲，系统软件包括操作系统（Windows、UNIX、Linux 等）、计算机语言处理程序（C 语言、汇编语言等）和数据库管理系统（SQL Server、Access 等）。

② 应用软件。

应用软件是人们为解决工作、生活中的实际问题而编制的各种程序。其中，一类是通用应用软件，如各种办公软件（Office 、WPS 等）、辅助设计软件（AutoCAD 等）等；另一类是专用软件，也就是专门的用户程序，如银行系统、超市系统、学籍系统、图书系统、人事系统等。

任务 2　了解计算机的安全防护

随着互联网的高速发展，网络安全问题涉及人们生活的方方面面，如办公效率、财产安全、商业机密等。王小兰同学为使办公室的计算机能够安全上网，选择了一款既能随时更新病毒库，又比较容易操作的软件——金山卫士。大家一起来了解计算机的安全防护知识并学习金山卫士的几个重要操作吧。

科学技术高速发展的今天，计算机和计算机网络正在逐步改变着人们的工作和生活方式，尤其是 Internet 的广泛使用为现代办公带来了前所未有的高效和快捷，但同时又使计算机网络的安全隐患亦日益突出。

就目前而言，来自网络的威胁主要有病毒侵袭、黑客入侵、拒绝服务、密码破解、网络窃听、数据篡改、垃圾邮件、恶意扫描等。大量的非法信息堵塞合法的网络通信通道，甚至摧毁网络架构，所以，在现代办公如此依赖网络的情况下，阻止这些网络危害对计算机的侵袭，确保办公安全，是办公人员必须掌握的技能。

1. 网络病毒的防护

网络病毒（以下简称病毒）的发作给全球计算机系统造成了巨大的损失，上网的人群中，几乎都被网络病毒侵害过，人们谈"毒"色变。对于一般用户而言，首先要做的就是为计算机安装一套杀毒软件，如"360杀毒软件""金山毒霸"等。

不少人对防病毒的认识存在误区，认为对付病毒的关键是"杀"，其实防毒比杀毒更重要。目前，绝大多数杀毒软件是在计算机被病毒感染后才急忙去发现、分析和清除，这种被动防御的消极模式远不能彻底解决计算机安全问题。安装了杀毒软件后务必开启杀毒软件的实时监控程序，并对其定期升级。此外，还要给操作系统打相应的补丁，升级引擎和病毒定义码等。对于办公自动化中的防病毒工作，要加强管理。首先，应为软、硬件的使用、维护、管理、服务等各个环节制定严格的规章制度，规范工作流程和操作规程，加强对网络管理员的培训和管理；其次，防病毒要有专人负责，积极提高防毒意识，跟踪病毒防治技术的发展，建立"防杀结合、以防为主、以杀为辅"的最佳病毒管理模式。

2. 个人防火墙

安装个人防火墙（Fire Wall）是抵御黑客袭击的一种有效手段。所谓"防火墙"，是指一种将内部网和公众访问网（Internet）分开的方法，实际上是一种隔离技术。防火墙是在两个网络通信时执行的一种访问控制尺度，它允许用户"同意"的人和数据进入自己的网络，同时将用户"不同意"的人和数据拒之门外，最大限度地阻止网络中的黑客访问用户的网络，防止他们更改、复制、毁坏用户的重要信息。安装了防火墙并投入使用后，并非万事大吉了，想充分发挥它的安全防护作用，必须对它进行跟踪和维护。要密切关注防火墙提供商的动态，因为商家一旦发现其产品存在安全漏洞，就会及时发布补丁程序，并对防火墙进行更新。

3. 新的安全威胁

在网络技术飞速发展的背景下，网络安全威胁层出不穷，花样翻新。新的安全威胁不断涌现，传统的杀毒软件和防火墙或许对它们无能为力，所以，更应做好提前防御。常见的网络安全威胁有以下几种。

（1）Spyware（间谍软件）

Spyware 是用于盗取用户个人资料的恶意程序。用户在使用网上银行、网上购物等电子商务应用时，如果没有相关的防御措施与意识，网银账号和密码很容易被盗取。

（2）Adware（广告软件）

Adware 是一种流氓软件，一般表现为用户访问网站后连续出现很多叠加的网页，且很难关闭。它通常跟某些工具软件绑在一起，当用户安装这些工具软件时，它就跟着进入计算机，它不但占用系统资源，还常常链接一些不健康网站。除强行向用户推送广告外，还会刺探用户的个人隐私资料，如姓名、邮箱、银行资料、电话、地址等，危害不小，需要尽快清除。

（3）Phishing（网络钓鱼软件，又称电子黑饵）

Phishing 是 Fishing 和 Phone 的缩写，是指盗取他人个人资料、银行及财务账户资料的网络相关诱骗行为，可分为诱骗式和技术式两种。诱骗式是利用特制的电子邮件，引导收件人打开特制的网页，这些网页通常会伪装成银行理财等网页，令登录者信以为真，于是就输入了银行账号、账户名称及密码等。技术式是将恶意程序安装到受害者的计算机中，直接盗取个人资料，或者使用木马程序、按键记录程序等盗取个人资料。

（4）"僵尸"入侵

僵尸程序即机器人（BOT）程序，类似木马程序，它执行的是预先设置好的程序，通过所有被程序控制的"僵尸"计算机一同对某一目标发起攻击。这种攻击的危险性极大，因为它不像病毒那样可以提前监控。

（5）Adware、Spyware 偷袭

它们一般在用户下载 Flash 或小游戏时安装，由于它们不像病毒和蠕虫那么敏感，所以可以在不知不觉中入侵用户的计算机。现在一些正规的软件厂商也在用这类软件搜集用户的资料。尽管目前这类软件不一定都有害，但它们搜集的毕竟是用户的个人隐私。这也将成为未来网络安全应防范的重点。

（6）垃圾邮件改头换面

从当前来看，垃圾邮件的总量虽然呈下降态势，但其逃避技术却越来越强。这类邮件中携带着大量的病毒、Phishing 软件、蠕虫软件、木马软件及其他风险。

4．上网注意事项

一般情况下，安装了杀毒软件和防火墙之后，绝大部分来自网络的威胁就可以被拒之门外了。但是，如果办公人员平常毫无顾忌地上网，则同样也会给个别病毒或黑客提供机会，这就要求办公人员在平常上网时必须注意以下一些问题。

（1）密码设定

互联网上需要设置密码的地方很多，如网上银行、上网账户、E-Mail、聊天室及一些网站的会员账号等。应使用不同的密码，以免因一个密码泄露导致所有资料外泄。重要的密码（如网上银行的密码）一定要单独设置，并且不要与其他密码相同。

不要贪图方便而在拨号连接的时候选择"保存密码"选项；使用 E-Mail 客户端软件（Outlook Express、Foxmail、The bat 等）来收发重要的电子邮件时，如 ISP 信箱中的电子邮件，在设置账户属性时不要使用"记忆密码"功能。虽然密码在计算机中是以加密方式存储的，但是这样的加密并不保险，一些初级黑客即可轻易地破译。

定期修改上网密码，一个月至少修改一次。这样即使原密码泄露，也不会造成很大的损失。

（2）远离来历不明的软件和程序

一些共享软件在给用户带来方便和快捷的同时，也会悄悄地把一些不受欢迎的东西带到计算机中，如病毒。因此，应选择信誉较好的下载网站下载软件，将下载的软件及程序集中存放在非引导分区的某个目录下，使用前最好用杀毒软件查杀病毒。同时，应安装一个实时监应控病毒的软件，随时监控网上传递的信息。

（3）注意陌生电子邮件

在互联网上流行许多病毒，有些病毒是通过电子邮件传播的（梅丽莎、爱虫等），这些携带病毒的邮件通常会以带有噱头的标题来吸引用户打开其附件，一旦打开，后果不堪设想。所以，对于陌生的邮件应当谨慎。

（4）警惕"网络钓鱼"

目前，网上一些黑客利用"网络钓鱼"手法进行诈骗，如建立假冒网站或发送含有欺诈信息的电子邮件，盗取网上银行、网上证券或其他电子商务应用的账号和密码，从而盗取用户资金。银行、证券公司和公安机关等相关部门提醒网上银行、网上证券和其他电子商务用户对此提高警惕，防止上当受骗。"网络钓鱼"的主要手法有以下4种。

① 发送电子邮件，以虚假信息引诱用户中圈套。

② 建立假冒网上银行、网上证券网站，骗取用户账号和密码实施盗窃。

③ 利用虚假的电子商务进行诈骗。

④ 利用木马病毒和黑客技术等手段窃取用户信息后实施盗窃活动。当用户使用感染了木马病毒的计算机进行网上交易时，木马病毒即以键盘记录的方式获取用户的账号和密码，并发送给指定邮箱，用户资金将受到严重威胁。

网络安全是一个永远说不完的话题，今天网络安全已被提到重要的议事日程上。对一个安全的网络系统的保护不仅和网络管理员的系统安全知识有关，还和工作环境中每个员工的安全操作有关。网络安全是动态的，新的 Internet 黑客站点、病毒和威胁网络安全的技术与日剧增，如何才能持续停留在知识曲线的最高点，守住网络安全的大门，这是对新一代办公人员的挑战。

操作过程

1．系统全面查杀

打开"金山卫士"，弹出如图 1-3 所示的界面，单击"立即体检"按钮，全面检查当前系统的安全状况并清理垃圾插件。

图 1-3　"金山卫士"界面

体检结束之后，"金山卫士"会显示当前系统的体检结果，告知用户系统的安全状况，如图 1-4 所示。

图 1-4　体检结果

如图 1-4 所示的界面中有"异常项""优化项""正常项"三个方面的内容提示，针对不同的情况，用户可以自行选择修复或优化。一般情况下，对于"异常项"要及时修复，以免因出现系统漏洞而给用户带来不必要的麻烦。

2．系统优化

"金山卫士"的系统优化功能的主要作用是为系统瘦身，清理冗余文件，提升系统运行的速度。单击"系统优化"按钮，弹出如图 1-5 所示"系统优化"界面。

图 1-5　"系统优化"界面

该界面有四个选项，默认为"一键优化"选项。如果只是进行一般性系统的快速优化，则当打开该界面时，"金山卫士"会自动扫描系统，并在扫描完毕后列出可以优化的选项，单击右上角的"立即优化"按钮，即可完成对系统的优化操作。如果用户要缩短开机时间，减少开机启动项，则可以选择对"开机时间""开机加速"两个选项进行操作，操作非常简单。

3．垃圾清理

计算机使用过程中会产生大量的垃圾文件，如上网留下的缓存文件等。为了使计算机处于一个相对安全稳定的状态，及时清理这些垃圾文件是十分必要的。金山卫士的"垃圾清理"功能共分为"清理垃圾""清理痕迹"和"清理注册表"三个模块。

单击"垃圾清理"按钮，弹出如图 1-6 所示："垃圾清理"界面。

图 1-6   "垃圾清理"界面

单击"开始扫描"按钮，"金山卫士"会自动扫描，扫描完毕后列出扫描出的垃圾文件，用户既可以选择性地清理，也可以单击右上角的"立即清理"按钮，进行全部清理，如图 1-7 所示。

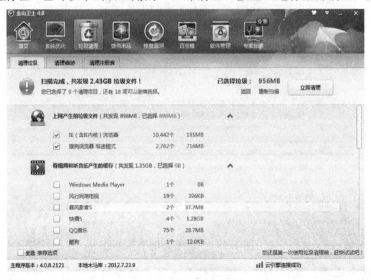

图 1-7   垃圾文件清理

如果要进一步清理，则可以选择"清理痕迹"和"清理注册表"模块进行操作。

4. 查杀木马病毒

定期进行木马病毒查杀可以有效地保护系统的各种账户，"金山卫士"内嵌强力查杀木马病毒引擎，为计算机提供强有力的安全保障。

单击"查杀木马"按钮，弹出如图 1-8 所示"查杀木马"界面。

图 1-8　"查杀木马"界面

单击"快速扫描"按钮，"金山卫士"利用其 V10 查杀引擎和云安全引擎双剑合一可以全面查杀未知木马。扫描过程如图 1-9 所示。

图 1-9　扫描过程

"金山卫士"的"修复漏洞"功能既可以在"系统优化"操作中一并完成，也可以单独使用"修复漏洞"选项，进行扫描并修复。

想一想

一、填空题

1. 第一台计算机于_____年在美国宾夕法尼亚大学诞生，主要元件是_____。

2. 计算机的特点是运算速度快、存储容量大、_____、_____、_____。

3. 一个完整的计算机系统由_____和_____两大部分组成。

4. 按照_____的理论，计算机的硬件系统由运算器、_____、存储器、输入设备和_____五大部分组成。

5. 主存储器主要采用半导体集成电路制成，分为_____、_____和_____。

6. 一般来讲，系统软件包括_____、_____和_____。

7. 就目前而言，来自网络的威胁主要有病毒的侵袭、_____、拒绝服务、_____、网络窃听、_____、_____、恶意扫描等。

8. 防病毒要有专人负责，提高防病毒意识，跟踪网络病毒防治技术的发展，建立_____的最佳防病毒管理模式。

9. 所谓_____，是指一种将内部网和公众访问网（Internet）分开的方法，实际上是一种隔离技术。

10. 如果办公人员平常毫无顾忌地上网，同样也会给个别病毒或黑客提供机会，这就要求办公人员在平常上网时必须注意的问题包括_____、_____、_____、_____。

二、选择题

1. 一个完整的计算机系统包括（　　　）。
   A．主机、键盘和显示器　　　B．计算机与外部设备
   C．硬件系统和软件系统　　　D．系统软件和应用软件

2. 下列设备中属于输出设备的是（　　　）。
   A．显示器　　　　　　　　　B．键盘
   C．鼠标　　　　　　　　　　D．微机系统

3. 在计算机硬件系统中，内存指的是（　　　）。
   A．ROM　　　　　　　　　　B．RAM
   C．ROM 和 RAM　　　　　　 D．CD-ROM

4. 安装（　　　）是抵御黑客袭击的一种有效手段。
   A．个人防火墙　　　　　　　B．杀毒软件
   C．安全卫士　　　　　　　　D．主页修复软件

5. （　　　）通常跟某些工具软件绑在一起，当用户安装这些软件时，它就跟着进入计算机，它不但占用系统资源，还常常链接一些不健康的网站。

A．Spyware（间谍软件）

B．Adware（广告软件）

C．Phishing（网络钓鱼软件，又称电子黑饵）

D．Adware、Spyware 偷袭

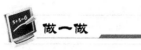 做一做

1．连接计算机的各个部分，完成启动与检测操作，最后关闭计算机。

2．为一台计算机安装杀毒软件及个人防火墙，然后更新病毒库并进行病毒查杀。

3．上网查阅网络安全的相关资料，了解最新的网络安全信息。

学习记录

.Unit 2

Windows 7 操作系统

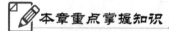

本章重点掌握知识

1. 基础操作
2. 控制面板的使用
3. 文件和文件夹
4. 资源管理器的使用

任务描述

　　为了更好地学习专业知识，妈妈为王小兰购买了一台预装了 Windows 7 操作系统的计算机，刚接触计算机的王小兰没有养成良好的使用习惯，随着安装的软件越来越多，计算机速度越来越慢，桌面也变得杂乱无章。通过学习 Windows 7 操作系统的基本操作，大家一起帮助王小兰更好地管理自己的计算机吧。

任务 1　设置桌面

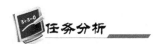

任务分析

为了更好地使用计算机，需要了解 Windows 7 操作系统的基础知识，学习基本的操作技巧，包括 Windows 窗口的基本操作、桌面的设置、"开始"菜单的使用等。大家一起来为王小兰的计算机设置一个干净整洁的桌面吧。

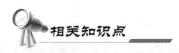

相关知识点

1. Windows 7 基本操作

操作系统是计算机运行的基础，一般个人计算机中安装的操作系统有 Windows 7、Windows 10、Linux、Mac OS X 等。其中，Windows 7 操作系统是目前办公自动化环境中使用最多的操作系统，其环境与实际办公环境相似，用桌面显示所有的工具和文件，形成了界面友好、清晰，操作方便的图形用户界面。

（1）Windows 7 桌面

Windows 7 操作系统启动完成后，用户看到的界面即 Windows 7 桌面，它包括桌面图标、桌面背景和任务栏等，如图 2-1 所示。

● 桌面图标。桌面上的小型图片称为桌面图标，可视为存储的文件或程序的入口。若要打开文件或程序，双击该图标即可。

图 2-1　Windows 7 桌面

● 常用桌面图标。Windows 7 桌面上常用的图标有 5 个，分别是"用户的文件""计算机""网络""回收站""Internet Explorer"。表 2-1 介绍了 5 个常用图标的功能。

表 2-1　Windows 7 系统桌面上 5 个常用图标的功能

名　称	功　能
用户的文件	用户的个人文件夹。它含有"图片收藏""我的音乐""联系人"等个人文件夹，可用来存放用户日常使用的文件
计算机	显示硬盘、CD-ROM 驱动器和网络驱动器中的内容
网络	显示指向网络中的计算机、打印机和网络上其他资源的快捷方式
Internet Explorer	访问网络共享资源
回收站	存放被删除的文件或文件夹。若有需要，亦可还原误删文件

注意：第一次进入 Windows 7 操作系统时，桌面上仅有一个图标，即"回收站"。

● 显示常用图标。初次进入 Windows 7 操作系统时除显示"回收站"图标外，其他 4 个常用桌面图标并未显示在桌面上。为了方便操作，可以通过设置将它们显示出来。

操作步骤如下。

① 桌面空白处右击（单击鼠标右键），在弹出的快捷菜单中选择"个性化"命令。

② 在个性化设置窗口，单击"更改桌面图标"选项，如图 2-2 所示。

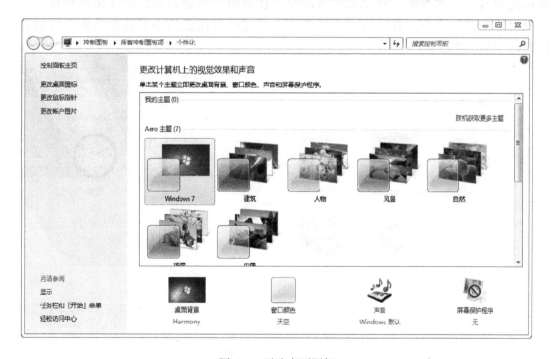

图 2-2　更改桌面图标

③ 在"桌面图标设置"对话框中，勾选需要添加的常用桌面图标，如图 2-3 所示。单击"确定"按钮，即可完成显示常用桌面图标的操作。

图 2-3   "桌面图标设置"对话框

● 桌面小工具。Windows 7 操作系统自带了 11 个实用小工具，能够在桌面上显示 CPU 和内存利用率、日期、时间、新闻条目、股市行情、天气情况等信息，还能进行媒体播放及拼图游戏等。选择添加小工具的方法是，在桌面空白处右击，在弹出的快捷菜单中选择"小工具"命令，打开小工具管理窗口，可以将需要的小工具拖动到桌面的任意位置，如图 2-4 所示。

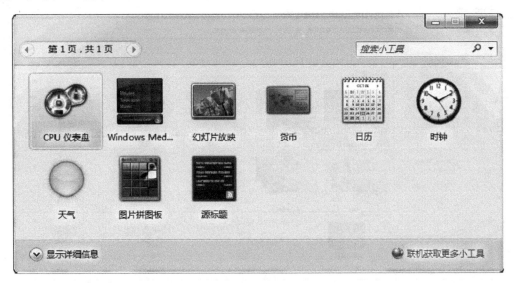

图 2-4   小工具管理窗口

● "开始"菜单。"开始"菜单可以通过单击"开始"按钮或利用键盘上的 Windows 键来启动，它是操作计算机程序、文件夹和系统设置的主通道，方便用户打开各种程序和文档。"开始"菜单的功能布局如图 2-5 所示。

图 2-5　"开始"菜单

● 任务栏。进入 Windows 7 操作系统后，在屏幕底部有一条狭窄条带，称为"任务栏"，如图 2-6 所示。任务栏由 4 个区域组成，分别是"开始"按钮、"任务按钮区""通知区域"和"显示桌面"按钮。表 2-2 介绍了任务栏中"任务按钮区""通知区域"和"显示桌面"按钮的功能。

图 2-6　任务栏

表 2-2　任务栏中"任务按钮区""通知区域"和"显示桌面"按钮的功能

名　　称	功　　能
任务按钮区	任务按钮区主要放置固定在任务栏上的程序及正在打开着的程序和文件的任务按钮，用于快速启动相应的程序，或者在应用程序窗口间切换
通知区域	包括"时间""音量"等系统图标和在后台运行的程序图标
显示桌面	"显示桌面"按钮在任务栏的右侧呈半透明状的区域，当鼠标停留在该按钮上时，按钮变亮，所有打开的窗口透明化，鼠标离开后即恢复原状。而当单击该按钮时，所有窗口最小化，显示整个桌面，再次单击它时，全部窗口还原

Windows 7 任务栏的结构比之前版本有了全新的设计。任务栏图标去除了文字显示，使用图标来说明一切。在外观上，半透明的 Aero 效果结合不同的配色方案显得更美观；在功能上，除保留能在不同程序窗口间切换的功能外，还加入了新的功能，使用更方便。

在任务栏空白区域右击，在弹出的快捷菜单中选择"属性"命令，打开"任务栏和「开始」菜单属性"对话框，可以设定任务栏的显示方式，如图 2-7 所示。

图 2-7 "任务栏和「开始」菜单属性"对话框

对比以前的操作系统，Windows 7 任务栏将一个程序的多个窗口集中在一起并使用同一个图标来显示，当鼠标停留在任务栏的一个图标上时，将显示动态的应用程序小窗口，可以将鼠标移动到这些小窗口上以显示完整的应用程序界面。

（2）窗口

当用户打开一个文件或运行一个程序时，系统会开启一个矩形方框，这就是 Windows 环境下的窗口，其组成如图 2-8 所示。

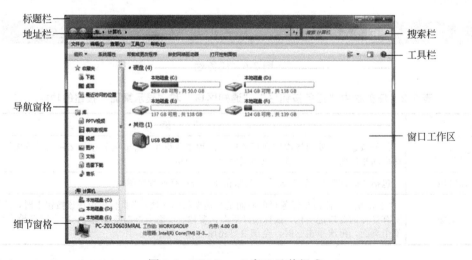

图 2-8 Windows 7 窗口及其组成

窗口是 Windows 操作环境中最基本的对象，当用户打开文件、文件夹或启动某个程序时，都会以一个窗口的形式显示在屏幕上。虽然不同的窗口在内容和功能上有所不同，但多数窗口具有很多的共同点和类似操作。

与之前版本相比，Windows 7 中添加了窗口的智能缩放功能。当用户使用鼠标将窗口拖动到显示器的边缘时，窗口即可最大化或平行排列；当用户使用鼠标拖动并轻轻晃动窗口时，即可隐藏当前不活动的窗口，再次用鼠标晃动窗口后，则会恢复原状。

另外，Windows 7 的窗口具备 Windows Search 功能，如果知道要搜索的文件所在的目录，则最简单快速的方法就是缩小搜索的范围，访问文件所在的目录，然后通过文件夹窗口中的搜索框来完成搜索。Windows 7 已经将搜索工具条集成到工具栏中，不仅可以随时查找文件，还可以对任意文件夹进行搜索，如图 2-9 所示。

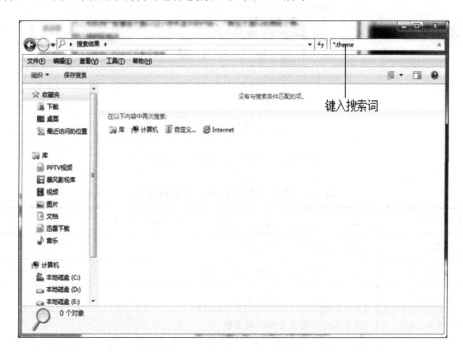

图 2-9　Windows Search 功能

（3）对话框

对话框是 Windows 操作系统的一种特殊窗口，是系统与用户"对话"的窗口，一般包含按钮和各种选项，通过它们可以完成特定命令或任务。

不同功能的对话框在组成上也不同。一般情况下，对话框包含标题栏、选项卡、标签、命令按钮、下拉列表、单选按钮、复选框等。如图 2-10 所示为"文件夹选项"对话框。

（4）菜单

菜单将命令用列表的形式组织起来，当用户需要执行某种操作时，只要从中选择对应的命令项即可进行操作。

Windows 操作系统中的菜单包括"开始"菜单、窗口控制菜单、应用程序菜单（下拉菜单）、右键快捷菜单等。

在菜单中，常常标记有一些符号，表 2-3 介绍了这些符号的名称及含义。

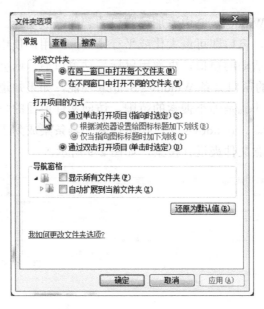

图 2-10 "文件夹选项"对话框

表 2-3 菜单中常用符号的名称及含义

名　　称	含　　义
灰色菜单	表示在当前状态下不可使用
命令后的"快捷键"	表示可以直接使用该快捷键执行命令
命令后的"？"	表示该命令有下一层子菜单
命令后的"…"	表示执行该命令会弹出对话框
命令前的"√"	表示此命令有两种状态：已执行状态和未执行状态。有"√"标识，表示此命令已执行；反之，表示未执行

2．控制面板的使用

为了满足用户完成大量日常工作的需求，操作系统不仅要为用户提供一个很好的交互界面和工作环境，还要为用户提供方便管理和使用操作系统的相关工具。Windows 7 操作系统为用户及各类应用提供的这些工具集中存放在"控制面板"中。通过"控制面板"，用户可以管理账户，添加/删除程序，设置系统属性，设置系统日期/时间，安装、管理和设置硬件设备等系统管理和系统设置操作。

启用控制面板的方法有多种，常用的有以下 2 种。

① 单击"开始"→"控制面板"按钮。

② 打开"计算机"，单击"菜单栏"下的"打开控制面板"按钮。

Windows 7 操作系统的"控制面板"窗口如图 2-11 所示。单击"类别"可以切换控制面板的显示方式。

图 2-11　"控制面板"窗口

3. 桌面背景设置

（1）设置壁纸

在 Windows 7 操作系统中，桌面背景又称为"壁纸"，系统自带了多个桌面背景图片供用户选择，更改背景的操作步骤如下。

① 桌面空白处右击，在弹出的快捷菜单中选择"个性化"命令。

② 在弹出的"个性化"窗口下方，单击"桌面背景"图标，弹出"桌面背景"窗口，如图 2-12 所示。

图 2-12　"桌面背景"窗口

③ 在"桌面背景"窗口，单击"全部清除"按钮，单击选择的图片，再单击"保存修改"命令即可。

在"桌面背景"窗口中，单击"全选"按钮或单击选择多个图片，在"更改图片时间间隔"下拉列表中选择一定的时间间隔，背景图片会按时间片段进行切换。

（2）桌面主题设置

桌面主题是图标、字体、颜色、声音和其他窗口元素的预定义的集合，它可以使用户的桌面具有与众不同的外观。Windows 7 操作系统提供了两种风格的主题，分别为"Aero 主题"和"基本和高对比度主题"。"Aero 主题"有 3D 渲染和半透明效果。用户可以根据需要切换不同的主题。

操作步骤如下。

① 桌面空白处右击，在弹出的快捷菜单中选择"个性化"命令。

② 在弹出的"个性化"窗口中，单击"Aero 主题"区域内的"自然"选项，主题选择完毕，如图 2-13 所示。

图 2-13　桌面主题设置

③ 桌面空白处右击，在弹出的快捷菜单中选择"下一个桌面背景"命令，即可更换主题桌面壁纸。

（3）屏幕保护程序设置

屏幕保护是为了保护显示器而设计的一种专门的程序。屏幕保护主要有 3 个作用：保护显示器、保护个人隐私、省电。用户可以根据需要进行设置。

操作步骤如下。

① 桌面空白处右击，在弹出的快捷菜单中选择"个性化"命令。

② 在弹出的"个性化"窗口中，单击"屏幕保护程序"图标，打开"屏幕保护程序设置"对话框，在"屏幕保护程序"下拉列表中选择适合的保护程序，并在"等待"微调框中设置屏幕保护的启动时间，如图 2-14 所示。

（4）外观设置

用户可以根据自己的喜好通过外观设置选择窗口和按钮的样式，以及对应样式下的色彩方案，同时可以调整字号的大小等。

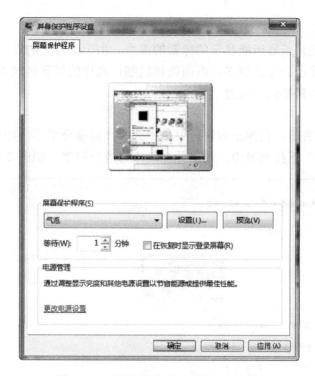

图 2-14　"屏幕保护程序设置"对话框

操作步骤如下。

① 桌面空白处右击，在弹出的快捷菜单中选择"个性化"命令。

② 在弹出的"个性化"窗口下方，单击"窗口颜色"图标，打开"窗口颜色和外观"窗口，在"更改窗口边框、「开始」菜单和任务栏颜色""颜色浓度""高级外观设置"等设置区域设置适合的样式，如图 2-15 所示。

③ 单击"保存修改"按钮，即可完成外观设置。

图 2-15　更改窗口颜色的外观

（5）分辨率设置

屏幕分辨率是指显示器所能显示的像素的多少。由于屏幕上的点、线和面都是由像素组成的，显示器可显示的像素越多，画面就越精细，同样的屏幕区域内能显示的信息也就越多。用户可以根据需要进行设置。

操作步骤如下。

① 桌面空白处右击，在弹出的快捷菜单中选择"屏幕分辨率"命令。

② 在"分辨率"下拉列表中，用鼠标拖动来修改分辨率，如图 2-16 所示。

图 2-16　分辨率的设置

③ 单击"应用"按钮，自动预览后，即可完成分辨率的设置。

单击"高级设置"按钮，在打开的对话框中选择"监视器"选项卡，可以设置刷新频率。

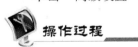操作过程

① 桌面空白处右击，在弹出的快捷菜单中选择"个性化"命令，打开"个性化"窗口。单击"桌面背景"选项，在弹出的"桌面背景"对话框中单击"浏览"按钮，选择素材库 chapter 2 文件夹中的"bj1.jpg"，单击"保存修改"按钮。

② 返回"个性化"窗口，单击"屏幕保护程序"选项，弹出"屏幕保护程序设置"对话框，在"屏幕保护程序"下拉列表中选择"三维文字"选项，单击"设置"按钮，弹出"三维文字设置"对话框，如图 2-17 所示。在"自定义文字"后的文本框中输入"我爱我家"，拖动"旋转速度"滑块至"快"位置，单击"确定"按钮，返回"屏幕保护程序设置"对话框，单击"预览"按钮预览效果。

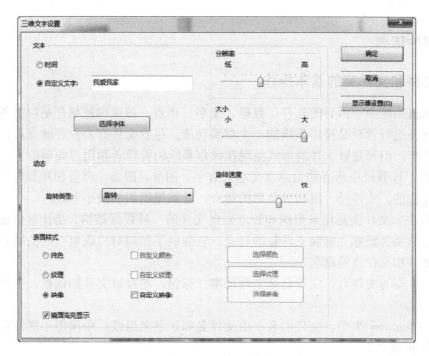

图 2-17　"三维文字设置"对话框

③ 返回"个性化"窗口，单击"窗口颜色"选项，在弹出的对话框中，选择"叶"选项，并将"颜色浓度"调高，单击"保存修改"按钮。

④ 桌面空白处右击，在弹出的快捷菜单中选择"小工具"命令，打开"小工具"管理界面，右击"时钟"图标，在弹出的快捷菜单中选择"添加"命令，用同样的方法添加"日历"。

⑤ "任务栏"空白处右击，在弹出的快捷菜单中选择"属性"命令，打开"任务栏和「开始」菜单属性"对话框，选择任务栏外观选项区域中的"自动隐藏任务栏"复选框。

⑥ 关闭桌面上所有打开的窗口，然后打开"计算机"窗口和"画图"窗口，用鼠标调整两个窗口的大小。任务栏空白处右击，在弹出的快捷菜单中分别选择"层叠窗口"和"堆叠显示窗口"命令，观察窗口的排列情况。

⑦ 单击"开始"→"控制面板"按钮，打开"控制面板"窗口，"查看方式"选择"小图标"选项，然后单击"程序和功能"选项，在打开的对话框中右击不需要的软件或程序，在弹出的快捷菜单中选择"卸载"命令。

任务 2　管理我的资源

任务分析

对磁盘和文件进行有效合理地管理，从而提高系统性能，是提高办公效率的有效手段。文件和磁盘的操作是 Windows 7 中最基本的操作，熟练掌握这种操作，是计算机操作人员必须具备的技能。王小兰要在计算机上新建"我的资料"文件夹，完成资料复制、移动和共享的操作，大家一起来帮助她吧。

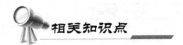 **相关知识点**

1. 文件和文件夹的基本操作

在计算机系统中，所有的软件、数据、文字、声音、图像和视频都是以文件的形式存在的，对文件进行管理是操作系统的一个重要功能。尽管文件有多种存储介质，如硬盘、U 盘、光盘等，但都是以文件的形式呈现在操作系统的管理者和用户面前的。

● 文件。计算机中所有的信息（文字、数字、图形、图像、声音和视频等）都是以文件的形式存在的。文件是一组相关信息的集合，是数据组织的最小单位。

● 文件夹。文件夹是用来组织和管理磁盘文件的一种数据结构，是计算机磁盘空间里为了分类存储文件而建立的独立路径的目录，它提供了指向对应磁盘空间的路径地址。

（1）文件和文件夹的命名

每个文件都有文件名，文件名是文件的唯一标记，是存取文件的依据。文件的命名规则如下。

① 在 Windows 7 中，文件的名字由文件名和扩展名组成，中间用小圆点隔开，格式为"文件名.扩展名"。

② 文件名最长可以包含 255 个字符。

③ 文件名可以由 26 个英文字母、0～9 的数字和一些特殊符号等组成，可以有空格、下画线，但禁止使用"/"、"\"、":"、"*"、"?"、"】"、"<"、">"、"&" 9 个字符。文件名也可以用任意中文命名。

④ 文件扩展名一般由多个字符组成，标示了文件的类型，不可随意修改，否则系统将无法识别。

（2）创建文件和文件夹

例如，在 D 盘根目录下建立文件夹，并在此文件夹下建立文本文件。具体操作步骤如下。

① 双击"计算机"图标，打开"计算机"窗口。

② 双击"D 盘"图标，进入 D 盘根目录。

③ D 盘根目录空白处右击，在弹出的快捷菜单中选择"新建"命令，单击"文件夹"选项，此时在 D 盘根目录下就建立了一个名为"新建文件夹"的文件夹。

④ 双击进入"新建文件夹"，"新建文件夹"窗口空白处右击，在弹出的快捷菜单中选择"新建"命令，单击"文本文档"选项，此时在"新建文件夹"下就建立了一个名为"新建文本文档.txt"的文本文件。

（3）文件和文件夹的重命名

例如，将 D 盘下的"新建文件夹"命名为"xuexi"，将其中的"新建文本文档.txt"命名为"biji.txt"。具体操作步骤如下。

① 双击"计算机"图标，打开"计算机"窗口，双击"D 盘"图标，进入 D 盘根目录。

② 右击"新建文件夹"，在弹出的快捷菜单中选择"重命名"命令，在文件名文本框中将其更名为"xuexi"。

③ 右击"新建文本文档.txt"，在弹出的快捷菜单中选择"重命名"命令，在文件名文本框中将其更名为"biji.txt"。

（4）选择文件或文件夹

对文件或文件夹进行操作时，常常要进行选取操作。

① 选择单个文件或文件夹。直接在文件夹内容窗格中单击文件或文件夹。

② 选择多个连续文件或文件夹。单击第一个文件或文件夹，按住【Shift】键的同时单击连续区域的最后一个文件或文件夹。

③ 选择多个不连续文件或文件夹。按住【Ctrl】键的同时依次单击需要选择的文件或文件夹。

④ 选择全部文件或文件夹。单击"编辑"→"全部选定"或按组合键【Ctrl+A】。

（5）复制、剪切文件或文件夹

复制和剪切都可以移动对象，区别在于，复制是将一个对象从一个位置移到另一个位置，操作完成后，原位置的对象仍保留，即一个对象变成两个对象，只不过是放在不同的位置；剪切是将一个对象从一个位置移到另一个位置，操作完成后，原位置的该对象不再存在。

① 复制的方法。

● 菜单栏。

步骤 1：选择对象。

步骤 2：单击菜单栏中的"编辑"菜单，选择"复制"命令即可。

● 快捷菜单。

右击对象，在弹出的快捷菜单中选择"复制"命令，即可实现复制对象。

● 快捷键。

选中对象，使用组合键【Ctrl+C】来实现复制。

② 剪切的方法。

● 菜单栏。

步骤 1：选择对象。

步骤 2：单击菜单栏中的"编辑"菜单，选择"剪切"命令即可。

● 快捷菜单。

右击对象，在弹出的快捷菜单中选择"剪切"命令，即可实现剪切对象。

● 快捷键。

选择对象，使用组合键【Ctrl+X】来实现剪切。

③ 粘贴的方法。

复制或剪切完对象后，接着需要完成的是粘贴操作，可以使用组合键【Ctrl+V】来实现。

（6）删除文件或文件夹

删除文件或文件夹的具体操作步骤如下。

① 选择要删除的对象。

② 该对象右击处，在弹出的快捷菜单中选择"删除"命令，即可删除对象。

③ 用户若想找回文件，可以在"回收站"中还原该文件。

> **提示：**
> 　　直接将文件或文件夹拖动到"回收站"图标中也可以将文件或文件夹删除。若在删除文件或文件夹之前先按住【Shift】键，或者直接按组合键【Shift+Delete】，则可以彻底删除文件或文件夹，而不是放入"回收站"中。

（7）查找文件或文件夹

当用户需要查找一些文件或文件夹的存储位置时，如果手动查找往往会浪费大量时间。Windows 7 具有强大的搜索功能，利用其搜索功能可以快速查找到所需内容。

搜索的方式主要有两种。一种是用"开始"菜单中的"搜索"文本框进行搜索；另一种是用"计算机"窗口的"搜索"文本框进行搜索。

例如，在计算机中查找文件名为两个字符的文本文件。具体操作步骤如下。

① 单击"开始"菜单→"搜索"文本框。

② 在弹出的"搜索"窗口中输入要查找的文本文件名"？？.txt"。

③ 单击"搜索"按钮，即可完成搜索操作。

> **提示：**
> 　　通配符是用在文件名中表示一个或一组文件名的符号。通配符有两种，问号"？"和星号"*"。
> 　　① "？"为单位通配符，表示在该位置处可以是一个任意的合法字符。
> 　　② "*"为多位通配符，表示在该位置处可以是若干个任意的合法字符。

2．文件夹选项设置

在 Windows 7 中，"文件夹选项"是"资源管理器"中的一个重要菜单项，用户可以通过它修改文件的查找方式及编辑文件的打开方式等。

在"控制面板"窗口中单击"文件夹选项"选项，打开"文件夹选项"对话框。选择"常规"选项卡，如图 2-18 所示，可以设置文件夹的浏览风格和打开方式。单击"查看"选项卡，如图 2-19 所示，可以设置文件夹的显示方式，包括隐藏已知文件类型的扩展名、隐藏文件和文件夹（"不显示隐藏的文件、文件夹或驱动器""显示隐藏的文件、文件夹和驱动器"）、隐藏受保护的操作系统文件等设置选项。

（1）文件和文件夹的属性设置

文件和文件夹包含 3 种属性，只读、隐藏和存档。

"只读"属性表示文件或文件夹不允许更改；"隐藏"属性表示文件或文件夹在常规显示中不被显示；"存档"属性是文件和文件夹的默认属性。

例如，将 D 盘中的"xuexi"文件夹中"biji.txt"文件的属性更改为"只读"。具体操作步骤如下。

① "D：\xuexi\biji.txt"文件处右击，在弹出的快捷菜单中选择"属性"命令。

② 在弹出的"biji.txt 属性"对话框中，选择"只读"复选框，如图 2-20 所示。

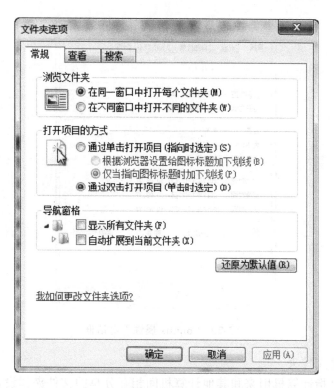

图 2-18　"常规"选项卡

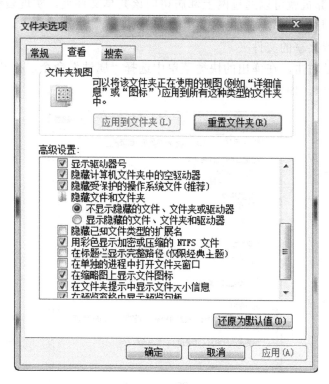

图 2-19　"查看"选项卡

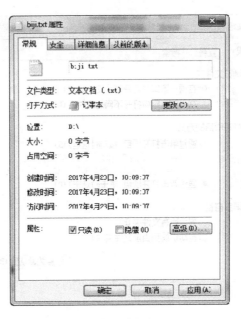

图 2-20 "biji.tix 属性"对话框

（2）设置共享文件夹

共享文件夹是指计算机用来和其他计算机间相互分享的文件夹。设置共享文件夹后，局域网内的其他计算机就可以通过网上邻居访问该共享文件夹，实现资料的共享。

共享文件夹的具体操作步骤如下。

① 选定要设置共享的文件夹。

② 该文件夹处右击，在弹出的快捷菜单中选择"属性"命令，打开"属性"对话框，单击"共享"选项卡，如图 2-21 所示。

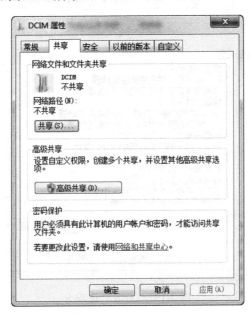

图 2-21 "共享"选项卡

③ 单击"共享"按钮，在弹出的"文件共享"对话框中选择与其共享的用户，单击"共享"按钮，如图 2-22 所示。

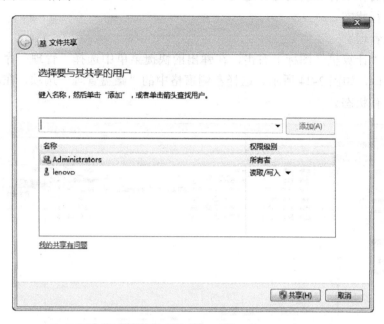

图 2-22　"文件共享"对话框

④ 观察文件状态，单击"完成"按钮，如图 2-23 所示。

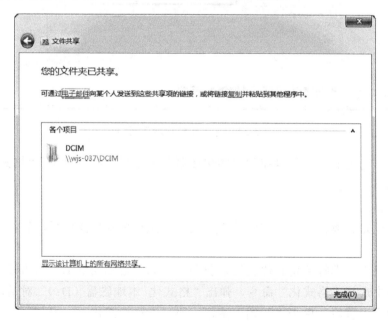

图 2-23　观察文件状态

3．磁盘管理

在日常办公中，经常会有安装、卸载程序或软件，移动、删除文件，以及在 Internet

上下载程序等操作，而计算机在经过一段时间的这些操作后会产生很多磁盘碎片或大量临时文件等，从而影响计算机的运行速度。因此，用户需要定时对磁盘进行管理，使计算机处于良好的运行状态。

（1）磁盘管理

在桌面的"计算机"图标上右击，在弹出的快捷菜单中选择"管理"命令，弹出"计算机管理"窗口，如图 2-24 所示。选择左侧窗格中的"磁盘管理"选项，在右侧窗格中则显示磁盘的所有状态。

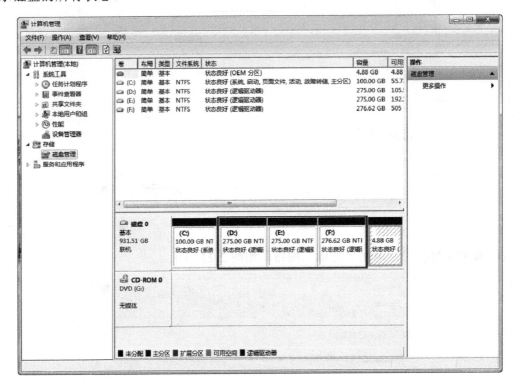

图 2-24　"计算机管理"窗口

在选中的磁盘处右击，可以在弹出的快捷菜单中选择"改变盘符""格式化""删除驱动器""查看属性"等命令。

（2）磁盘格式化

磁盘格式化是计算机中比较常用的操作之一，执行格式化操作后，磁盘上原有的数据将丢失。

在"计算机"中选择要格式化的磁盘驱动器，如磁盘驱动器 D，右击该驱动器，在弹出的快捷菜单中选择"格式化"命令，弹出"格式化 本地磁盘（D：）"对话框，如图 2-25 所示。进行相应设置后，单击"开始"按钮，即可进行格式化。

提示：
不要轻易对磁盘进行格式化操作，否则被格式化的磁盘会丢失全部数据。

（3）磁盘清理

磁盘清理程序可以帮助用户释放磁盘驱动器空间。磁盘清理程序搜索指定的驱动器，列出临时文件、Internet 缓存文件和可以安全删除的无用程序文件，可以全部或部分删除这些文件。

磁盘清理的具体操作步骤如下。

① 单击"开始"→"所有程序"→"附件"→"系统工具"→"磁盘清理"命令。

② 在弹出的"磁盘清理：驱动器选择"对话框中，选择需要清理的驱动器，单击"确定"按钮，弹出"磁盘清理"对话框，如图 2-26 所示。

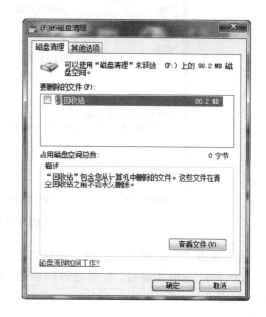

图 2-25　"格式化本地磁盘（D：）"对话框　　　　图 2-26　"磁盘清理"对话框

③ 单击"确定"按钮，系统自动进行磁盘清理的扫描操作。

④ 扫描完成后，在"磁盘清理"结果对话框中，勾选要删除的文件，单击"确定"按钮，即可完成磁盘清理操作。

（4）磁盘碎片整理

在计算机的使用过程中，对磁盘频繁读写会产生大量磁盘碎片，使得文件读写速度变慢，降低了整个 Windows 的性能。使用磁盘碎片整理程序可以有效地整理这些碎片，将计算机磁盘上的碎片文件和文件夹合并在一起，使系统更有效地访问文件和文件夹，更有效地保存新的文件和文件夹。

磁盘碎片整理的具体操作步骤如下。

① 单击"开始"→"所有程序"→"附件"→"系统工具"→"磁盘碎片整理程序"命令。

② 在弹出的"磁盘碎片整理程序"对话框中选择需要整理的驱动器，如图 2-27 所示。

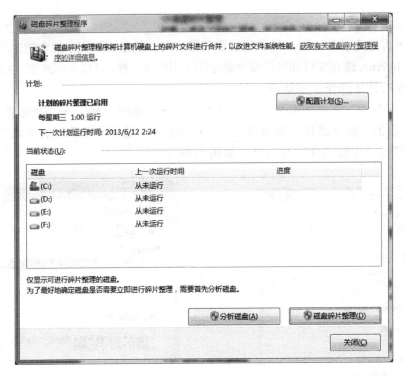

图 2-27 "磁盘碎片整理程序"对话框

③ 单击"分析磁盘"按钮，系统将分析磁盘中的碎片。

④ 碎片分析完成后，若需要碎片整理，则单击"磁盘碎片整理"按钮；否则，单击"关闭"按钮。

 操作过程

① 在"计算机"窗口中双击打开"D 盘"，单击"文件"→"新建"→"文件夹"命令，输入名称"我的资料"，用同样方法新建"班级资料"文件夹，关闭"计算机"窗口。

② 右击"开始"按钮，在弹出的快捷菜单中选择"打开 Windows 资源管理器"命令，打开"资源管理器"窗口，在左侧窗口中展开 D 盘文件夹，选择 D 盘中的素材文件夹中的"chapter 2"文件夹并打开，按组合键【Ctrl+A】选中其所有内容，然后按组合键【Ctrl+C】或单击"编辑"→"复制"命令。

③ 在左侧窗口中选择"我的资料"文件夹并打开，按组合键【Ctrl+V】或单击"编辑"→"粘贴"命令，将"chapter 2"文件夹中的所有内容复制到"我的资料"文件夹中。

④ 选择"我的资料"文件夹中的"唐诗两首.doc"和"bj1.jpg"文件，用鼠标将其拖动到"班级资料"文件夹中，完成文件的移动。

⑤ 在"我的资料"文件夹中按住【Ctrl】键的同时选择"成绩.xls"文件和"职工名单.doc"文件，按【Delete】键，在弹出的"确认删除"对话框中，单击"是"按钮。

⑥ 打开"回收站"，查看已删除的文件，右击"工资.xls"文件，在弹出的快捷菜单中选择"还原"命令，然后单击"回收站"对话框中的"清空回收站"命令，删除"回收

站"中的所有文件。

⑦ 在刚刚还原的"工资.xls"文件处右击，在弹出的快捷菜单中选择"属性"命令，勾选"隐藏"复选框，单击"确定"按钮。按【F5】键刷新窗口，观察"工资.xls"文件是否显示。

⑧ 在"我的资料"文件夹窗口中，选择"组织"→"文件夹和搜索选项"→"查看"命令，在"高级设置"列表中，选择"显示隐藏的文件、文件夹和驱动器"单选按钮，查看被隐藏的文件的状态。

⑨ "我的资料"文件夹处右击，在弹出的快捷菜单中选择"属性"命令，弹出"属性"对话框，选择"共享"选项卡，选择要与其共享的用户，单击"共享"按钮，完成文件夹的共享。

⑩ 单击"开始"→"所有程序"→"附件"→"系统工具"→"磁盘碎片整理程序"命令，在打开的对话框中选择"D 盘"并进行磁盘碎片整理，单击"配置计划"按钮，打开"磁盘碎片整理程序：修改计划"对话框，如图 2-28 所示，设置定时进行碎片整理的参数。

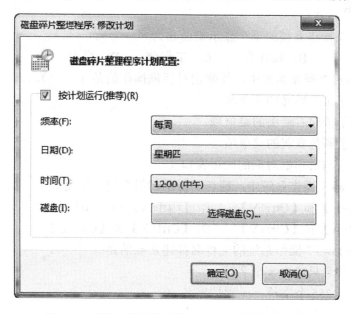

图 2-28　"磁盘碎片整理程序：修改计划"对话框

 想一想

一、填空题

1．在 Windows 7 操作系统中，要打开"开始"菜单，可以单击任务栏上的"开始"按钮，或者按_____键。

2．在 Windows 7 操作系统中，_____是一组相关信息的集合，是数据组织的最小单位。

3．文件名由_____和_____组成，中间用小圆点隔开。

4．要选择多个不连续的文件，必须在按住_____键的同时单击要选择的文件。

5．_____是将一个对象从一个位置移到另一个位置，操作完成后，原位置的对象仍保留，即一个对象变成两个对象，只不过是放在不同的位置；_____是将一个对象从一个位置移到另一个位置，操作完成后，原位置的该对象不再存在。

6．按_____键，可以彻底删除被选中的文件，而不是放入"回收站"中。

7．在 Windows 7 操作系统中，文件或文件夹的基本属性有_____和_____两种。

8．经常在磁盘上进行更改、移动、删除文件等操作，会产生很多_____，从而影响计算机的运行速度。

9．Windows 7 操作系统为用户及各类应用提供的管理和使用操作系统的相关工具集存放在_____中。

10．_____指显示器所能显示的像素的多少。

二、选择题

1．Windows 7 操作系统的整个显示桌面称为（　　）。

    A．窗口　　　　B．操作台　　　C．工作台　　　D．桌面

2．在 Windows 7 操作系统中，能弹出对话框操作的是（　　）。

    A．选择了带省略号的菜单项

    B．选择了带向右箭头的菜单项

    C．选择了颜色变灰的菜单项

    D．运行了与对话框对应的应用窗口

3．在 Windows 7 操作系统中，剪切和复制的组合键分别是（　　）。

    A．【Ctrl+C】和【Ctrl+V】　　　　B．【Ctrl+X】和【Ctrl+V】

    C．【Ctrl+A】和【Ctrl+V】　　　　D．【Ctrl+X】和【Ctrl+C】

4．关于 Windows 7 操作系统的文件名描述正确的是（　　）。

    A．主文件名只能为 8 个字符

    B．可长达 255 个字符，无须扩展名

    C．文件名中不可有空格

    D．可长达 255 个字符，同时仍保留扩展名

5．（　　）可以帮助用户释放磁盘驱动器空间。磁盘清理程序搜索指定的驱动器，然后列出临时文件、Internet 缓存文件和可以安全删除的无用程序文件，可以全部或部分删除这些文件。

    A．磁盘管理程序　　　　　　　B．磁盘碎片整理程序

    C．磁盘清理程序　　　　　　　D．磁盘格式化程序

做一做

1．在资源管理器窗口中使用多种方法进行文件或文件夹的新建、复制、移动、删除及

重命名等操作。

2．清理 D 盘上的临时文件及磁盘碎片。

3．设置文件夹属性及共享。

4．使用设备管理器查看计算机的设备。

5．比较窗口和对话框的组成有哪些异同点。

6．在 Windows 7 操作系统中添加一种中文输入法。

7．充分体验 Windows 7 操作系统，更换桌面主题。

学习记录

Unit 3

单元 3

图文处理——Word 2013

本章重点掌握知识

1. 基础操作
2. 格式与页面设置
3. 表格操作
4. 图文混排
5. 长文档排版

 任务描述

　　王小兰是班级的宣传委员，开学了，学校要求上交各种电子文档，如专业介绍、宣传海报、校园活动策划书等，班级组织的班委竞选活动使用的各种表格也要求使用电子表格。王小兰决定使用 Word 2013 来完成上述的各项任务。通过学习 Word 2013 的操作，大家一起帮助王小兰完成这些任务吧。

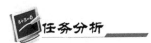

任务 1　制作宣传文稿

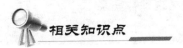

任务分析

　　学校要求班级上交本班的专业介绍，王小兰收集了软件技术专业的相关资料，为了完成宣传文稿的制作，需要使用 Word 2013 创建文档、录入文本，并且保存文档。本任务以制作专业介绍宣传文稿为例，熟悉 Word 2013 工作界面，练习在 Word 2013 中新建文档、录入文本及保存文档等相关操作。

相关知识点

1．Word 2013 的工作界面与视图

　　与 Word 早期版本相比，Word 2013 的工作界面进行了功能整合，更易于用户操作，规律性更强。

　　单击"开始"→"所有程序"→"Microsoft Office Word 2013"命令，启动 Word 2013。

　　Word 2013 的工作界面主要包括标题栏、快速访问工具栏、功能区、文档编辑区、标尺、动态选项卡、滚动条、状态栏等，如图 3-1 所示。

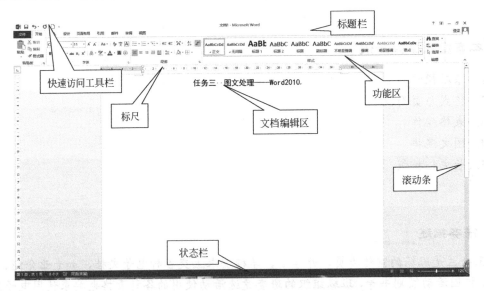

图 3-1　Word 2013 的工作界面

（1）标题栏

标题栏位于 Word 2013 窗口的顶端，显示当前文档的名称。

（2）快速访问工具栏

快速访问工具栏由用户最常用的命令按钮组成，如新建、打开、保存、撤销等命令按

钮。快速访问工具栏中的命令按钮可以根据用户的需要增加或删除。单击快速访问工具栏右侧的▾按钮，在下拉列表中单击需要添加到快速访问工具栏中的项目，如图 3-2 所示。快速访问工具栏可以显示在功能区的上方或下方。

图 3-2 自定义快速访问工具栏

（3）功能区

Word 2013 中的功能区代替了早期版本习惯使用的下拉菜单命令，图标化按钮替代了菜单命令，并且重新组织归类。功能区分为"开始""插入""设计""页面布局""引用""邮件""审阅""视图" 8 个选项卡，每个选项卡中又对命令按钮进行了分组，如图 3-3 所示。单击右上角的 ⌃ 按钮可以使功能区最小化，也可以单击 ⊡ 按钮隐藏功能区或显示功能区。

图 3-3 功能区

（4）标尺

标尺包括水平标尺和垂直标尺，可通过"视图"选项卡下"显示"功能区中对标尺的勾选设置显示或隐藏标尺。

（5）动态选项卡

动态选项卡是 Word 2013 的特色。当用户选定图形、文本框等对象后，自动显示动态选项卡，方便用户操作图形对象。"图片工具"动态选项卡如图 3-4 所示。

图 3-4 "图片工具"动态选项卡

（6）状态栏

状态栏位于 Word 窗口的底部，包括当前页数、文档总页数、视图模式、文档包含的文字数、拼写检查等内容。

Word 2013 提供 5 种视图模式，包括页面视图、阅读视图、Web 版式视图、大纲视图和草稿视图。通过状态栏右侧的视图切换按钮 ，或者通过"视图"选项卡下的"文档视图"功能区图标按钮可以切换视图模式。通过视图大小工具栏 可以改变显示比例。

在"页面视图"方式下可以直接按照用户设置的页面大小显示文件内容，显示效果与打印效果完全一致，通过页面视图可以看到页眉、页脚、水印和图形等在页面中的实际效果。

"阅读视图"适用于全屏显示文档，以便利用最大的空间来阅读文档，如图 3-5 所示。单击控制栏左侧的"工具"按钮可以进行信息检索、查找等操作。单击"第 1～2 页（共 n 页）"或左右两侧的箭头，可实现屏幕跳转。

图 3-5　阅读视图

"Web 版式视图"主要用于查看网页形式的文档，在"Web 版式视图"方式下编辑文档，可以更准确地看到文档在 Web 浏览器中的显示效果。

在"大纲视图"方式下可以折叠文档，只查看到文档的某级标题，或者扩展文档以查看整篇文档，还可以通过拖动标题来移动、复制、重新组织正文。

在"草稿视图"方式下可以快速编辑文本，但只能显示一般格式的文本。

2．新建与保存文档

在功能区"开始"选项卡的最左侧是"文件"选项，单击"文件"选项便打开 Office Backstage 视图，包含信息、新建、打开、保存、另存为、打印、共享，导出、关闭、帐户、选项等选项，如图 3-6 所示。单击"新建"命令，可以选择新建空白文档，创建新文档。单击"保存"按钮时默认所保存的文档扩展名为".docx"，单击"保存类型"右侧的下拉箭头可以按照 Word 早期版本的文档、模板、PDF 等多种类型保存。

图 3-6 　Office Backstage 视图

> **提示：**
> 　　Word 2013 在新建文档时提供了"新闻稿""书法字帖""简历"等模板。还可以通过"保护文档"为编辑的文档设置保护密码、限制编辑权限等。选择"导出"命令，可以将文件创建为 PDF 文档。

3. 文档打印

　　单击快速访问工具栏中的 📄 按钮，或者单击"文件"→"打印"命令，显示打印信息，如图 3-7 所示。在打印信息中，可在右侧功能区中预览文档，并可以按照显示比例预览，单击垂直滚动条下方的 ▣ 按钮，可以保证预览文档时预览一个完整的页面。

　　在打印信息左侧功能区中可以设置打印份数、打印机属性、打印范围、纸张大小等参数。

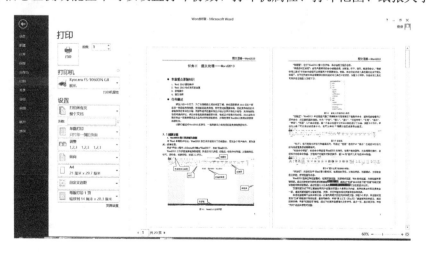

图 3-7 　打印信息

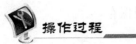

① 启动 Word 2013，在新建的 Word 文档编辑区中输入专业介绍的文字内容。如果在已经打开某个文档的情况下新建 Word 文档，需要单击"文件"→"新建"→"空白文档"命令，创建文档。

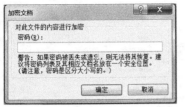

图 3-8　"加密文档"对话框

② 为专业介绍文稿设置密码。单击"文件"→"保护文档"→"用密码进行加密"命令，打开"加密文档"对话框，如图 3-8 所示。输入密码，单击"确定"按钮，再输入一遍密码，单击"确定"按钮，完成密码的设置。再打开此文档时则需要输入密码。

> **提示：**
> 如果 Word 2013 文档已经加密，打开文档后再次单击"文件"→"保护文档"→"用密码进行加密"命令，在"加密文档"对话框中删除原密码，单击"确定"按钮就可以取消对文档的加密了。

③ 自定义选项卡。单击"文件"→"选项"命令，打开"Word 选项"对话框，如图 3-9 所示。选择自定义功能区，依次单击右侧的"新建选项卡"和"新建组"按钮，将新建选项卡重命名为"常用功能选项卡"，通过右侧的上下按钮调整新建选项卡的位置。从左侧的"从下列位置选择命令"下的文本框中选择"常用命令"选项，在常用命令选项中选择"复制"命令和"格式刷"命令后，单击"添加"按钮，将它们添加到右侧的新建组中，从"不在功能区中的命令"中选择"制表位"命令和"边框和底纹"命令，用同样的方法添加到新建组，最后单击"确定"按钮。

图 3-9　"Word 选项"对话框

④ 单击"文件"→"保存"命令，打开"保存"对话框，选项需要保存的文件夹，文件命名为"专业介绍"，保存类型选择为"Word 文档（*.docx）"。

任务 2　美化宣传文稿

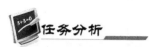

任务 1 完成了专业介绍文稿的创建和保存，接下来要对专业介绍文稿进行文本和段落格式化，以及页面设置等操作。通过实例操作掌握文字字体、字形和字号的设置方法，段间距和行间距的设置方法，以及页面的基本设置，插入水印等方法。

1. 文本和段落格式化

（1）文本格式化

文本格式的设置可以通过浮动菜单、快捷菜单、功能区图标和"字体"对话框来完成。

① 浮动菜单。

选择需要格式化的文本后，当鼠标移开选择的文本时，字体设置浮动菜单会显示出来并处于半透明状态，把鼠标移至浮动菜单时，其会从半透明状态变为不透明状态，如图 3-10 所示。单击相应格式图标按钮完成文本格式设置。

宋体　　·五号·A˄ A˅ 律 律
B *I* U ≡ ˢ· **A** · 變 ✔

图 3-10　浮动菜单

② "字体"对话框。

选择需要格式化的文本，单击"开始"选项卡下"字体"组右下角的 按钮，打开"字体"对话框，如图 3-11 所示，通过"字体"对话框设置文本格式。

（2）段落格式化

段落格式设置包括间距、对齐方式、缩进方式等设置。

① 间距设置。

间距分为行间距和段间距。

选择需要设置间距的段落，或者把光标定位在需要设置间距的段落中，单击"段落"选项组右下角的 按钮，打开"段落"对话框，如图 3-12 所示，在"间距"组中设置段前、段后的间距、行与行之间的间距；或者直接使用"开始"选项卡下"段落"选项组中的 按钮设置行距，使用"页面布局"选项卡下"段落"选项组中的 段前: 0 行 或 段后: 0 行 设置段前、段后的间距。

② 对齐方式设置。

对齐方式包括左对齐、右对齐、居中对齐、两端对齐、分散对齐等。对齐方式既可以使用"段落"选项组中的██████按钮设置，也可以在"段落"对话框中设置。

图 3-11　"字体"对话框

图 3-12　"段落"对话框

③　缩进方式设置。

段落缩进可通过水平标尺中的段落缩进符、功能区图标、"段落"对话框等方法设置。

水平标尺中的段落缩进符包括"首行缩进""悬挂缩进""左缩进""右缩进"，如图 3-13 所示。

通过拖动相应缩进符可以设置段落缩进。在按住【Alt】键的同时拖动缩进符，标尺上会显示缩进符的精确位置。在"页面布局"选项卡下"段落"选项组中，通过 $\boxed{左: 0 字符}$ 和 $\boxed{右: 0 字符}$ 微调按钮，调整数值，左、右缩进值；或者通过"段落"对话框，设置左、右缩进、首行缩进和悬挂缩进。

2．页面与背景设置

（1）页面设置

页面设置包括页边距、纸张方向、纸张大小、文字方向等设置。

页边距是指正文与页的四个边之间的空白区域。单击"页面布局"选项卡下"页面设置"选项组右下角的 按钮，或者单击 按钮，在下拉列表中单击"自定义边距"选项，打开"页面设置"对话框，如图 3-14 所示。在"页边距"选项区输入"上""下""左""右"边距的值，或者直接在页边距下拉列表中选择已经自定义的页边距。

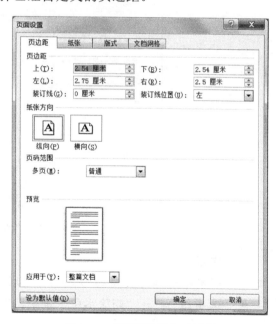

图 3-13　段落缩进符　　　　　　图 3-14　"页面设置"对话框

页面的方向和大小，既可以使用"页面布局"选项卡下"页面设置"选项组中的 和 按钮设置，也可以在"页面设置"对话框中设置。

> **提示：**
> 当需要在同一个文档中使用纵向和横向两种纸张方向时，选择文档中部分内容，在"页面设置"对话框中设置纸张的方向，选择应用于"所选文字"或通过插入分节符的方式设置。

当制作书籍、杂志、小册子、请柬时，需要在"页码范围"中选择对称页边距、拼页、书籍折页、反向书籍折页等选项。

（2）背景设置

背景设置包括对水印、页面颜色和页面边框等的设置。

"水印"指在文档背景中设置的一些隐约的文字或图案。文档中某一页需要有水印时，可以通过图形的层叠来制作。当文档的每一页都需要有水印时，可以结合"页眉"、"页脚"来制作。

单击"设计"选项卡→"页面背景"选项组→"水印"→"自定义水印"命令，打开"水印"对话框，如图 3-15 所示。如果以图片作为水印，则选择"图片水印"单选按钮，单击"选择图片"按钮，选取所需图片，选中"冲蚀"复选框，单击"确定"按钮；如果以文字作为水印，则选择"文字水印"单选按钮，在"文字"下拉列表框中输入或选择文字，选择相应的字体、字号和颜色，确定版式为"斜式"或"水平"后单击"确定"按钮。

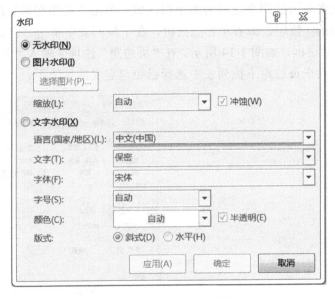

图 3-15 "水印"对话框

提示：

若水印是作为页眉的形式插入文档中的，单击"设计"选项卡→"页面背景"选项组→ 水印 →"删除水印"命令，可以把已经设置的水印删除。

单击"设计"选项卡→"页面背景"选项组→"页面颜色"命令，选择颜色，或者通过"填充效果"设置整个页面的颜色。

单击"设计"选项卡→"页面背景"选项组→"页面边框"命令，打开"边框和底纹"对话框，如图 3-16 所示，打开"页面边框"选项，对边框类型、边框样式、边框颜色、边框宽度等进行设置。

Word 2013 提供了多种不同的主题，赋予文档即时样式和适当的个性，单击"设计"选项卡→"主题"按钮，在"主题"下拉列表中选择一种主题，文档格式组中会显示对应于该主题的文档格式、颜色和字体等。

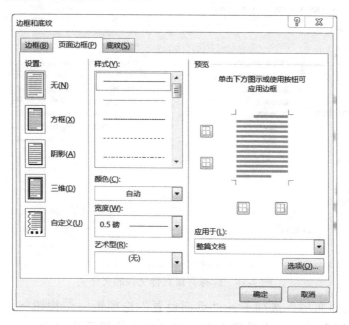

图 3-16　"边框和底纹"对话框

操作过程

① 启动 Word 2013，单击"文件"→"打开"命令，或者单击快速访问工具栏上的 🖿 按钮，打开如图 3-17 所示的界面。选择存储宣传文稿的文件夹，如图 3-18 所示，选中要打开的 Word 文档，单击"打开"按钮。

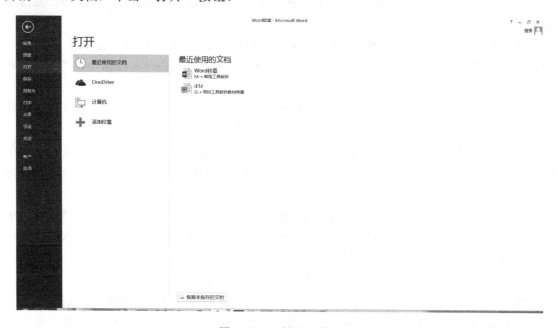

图 3-17　"打开"界面

图 3-18　选择存储宣传文稿的文件夹

②　单击"页面布局"选项卡→"页面设置"选项组→按钮→"自定义边距"命令，在"页面设置"对话框中设置页面。把纸张大小设置为"自定义大小"，设置高度为"25cm"，宽度为"18cm"，上、下页边距均为"1.75cm"，左、右边距均为"2.5cm"，纸张方向为"纵向"。

③　选中标题文字"软件技术专业介绍"，在浮动菜单中设置文字字体为黑体，字号为小三号。利用"开始"选项卡下"字体"选项组中的命令按钮，把"人才培养目标"和"就业面向"两个标题设置为宋体、小四号并加粗，把正文第一段文字设置为宋体、小四号，将"答考生问"下面的文字设置为楷体、小四号，文本最后三行文字设置为宋体、五号并加粗。

④　选中标题"软件技术专业介绍"，单击"开始"选项卡→"段落"选项组→≡按钮，设置对齐方式为"居中"。单击"开始"选项卡→"段落"选项组→按钮，在"段落"对话框中设置段后间距为 0.5 行。

⑤　选中"人才培养目标"和"就业面向"两个小标题，单击"开始"选项卡→"段落"选项组→≔·按钮，在下拉列表中选择项目符号。

⑥　选中其他段落，利用水平标尺上的段落缩进符设置首行缩进 2 个字符，或者在"段落"对话框中设置行"特殊格式"为"首行缩进"，且缩进"2 个字符"，并设置行距为固定值 20 磅。

⑦　单击"设计"选项卡→"页面背景"选项组→按钮→"自定义水印"命令，在"水印"对话框中选中"图片水印"单选按钮，单击"选择水印"按钮，选择作为水印的图片"素材 3.jpg"，设置缩放比例为"150%"，选中"冲蚀"复选框。

⑧　单击"快速访问工具栏"中的按钮，保存对文档所做的修改。

⑨　单击"快速访问工具栏"中的按钮，预览打印效果，预览时调整显示比例。

在打印信息中设置打印机类型、打印范围、打印份数等，单击"打印"按钮，进行文件打印。宣传文稿的最终效果如图 3-19 所示。

图 3-19 宣传文稿的最终效果图

任务 3 制作个人简历表

任务分析

班级班委要选举了，为了更好地收集竞选者的个人信息，要求竞选者制作个人简历表。本任务通过实例操作练习表格的创建与编辑、表格格式化等操作。

相关知识点

1．表格的创建与编辑

（1）新建表格

① 自动插入表格。

单击"插入"选项卡→"表格"选项组→"表格"按钮，打开"插入表格"菜单列表，如图 3-20 所示。如果要插入的表格在 8 行 10 列之内，可以按住鼠标左键从"插入表格"

菜单列表中的方格上拖过，鼠标移过的方格代表插入表格的行数和列数。

单击图 3-20 中的"插入表格"命令，打开"插入表格"对话框，如图 3-21 所示。设置表格的列数和行数，单击"确定"按钮即可插入表格；或者单击图 3-20 中的"快速表格"命令，按照表格模板库中的模板样式也可快速插入表格。

图 3-20 "插入表格"菜单列表　　　　　图 3-21 "插入表格"对话框

② 手工绘制表格。

如果要插入的表格的结构比较复杂，可采用手工绘制表格的方法创建表格。

单击"插入"选项卡→"表格"选项组→"表格"→"绘制表格"按钮，鼠标指针变为铅笔状，使用鼠标直接绘制表格。拖动铅笔状鼠标指针可以绘制出矩形、直线、斜线等，同时自动出现"表格工具"动态选项卡。如图 3-22 所示为"表格工具-设计"动态选项卡。如图 3-23 所示为"表格工具-布局"动态选项卡。利用"表格工具-设计"动态选项卡下的图标按钮设计表格的样式、边框、表格中线条的宽度等。利用"表格工具-布局"动态选项卡可以对表格布局进行设置。

图 3-22 "表格工具-设计"动态选项卡

图 3-23 "表格工具-布局"动态选项卡

（2）编辑表格

① 选中表格。

移动鼠标指针至表格某列上方时鼠标变为黑色向下箭头，单击选中一列；拖动鼠标选定一行、一列和整个表格；直接单击 ⊞ 按钮，选中整个表格。

② 输入内容。

表格创建完成后，将光标定位在单元格中输入内容。当完成单元格内容的输入后，按【Tab】键使插入点跳转到下一个单元格，或者单击下一个要输入内容的单元格。如果当前单元格已经是最后一行的最后一列，按【Tab】键后系统会自动产生新的一行。

（3）插入单元格、行、列

将光标定位在单元格中，根据需要选择"表格工具-布局"动态选项卡下"行和列"选项组中的插入命令。或者单击"行和列"组右下角的 按钮，打开"插入单元格"对话框，如图 3-24 所示，选择插入选项。也可以在单元格中右击，在弹出的快捷菜单中选择"插入"命令，在如图 3-25 所示的子菜单中选择所需插入的命令。

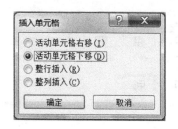

图 3-24 "插入单元格"对话框　　　图 3-25 快捷菜单中的"插入"命令

（4）删除单元格、行、列、表格

在表格中选择需要删除的单元格、行或列，单击"表格工具-布局"动态选项卡→"行和列"选项组→"删除"命令，打开"删除"菜单列表，如图 3-26 所示，选择相应的命令；或者直接右击要删除的单元格、行或列，在弹出的快捷菜单中选择相应的命令；如果删除的是单元格，则会打开"删除单元格"对话框，如图 3-27 所示，根据所选单选按钮，其他单元格的位置会做相应调整。

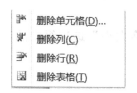
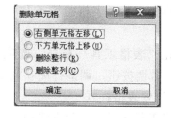

图 3-26 "删除"菜单列表　　　图 3-27 "删除单元格"对话框

（5）合并、拆分单元格

合并单元格时，首先选择要合并的多个连续单元格，然后单击"表格工具-布局"动态选项卡→"合并"选项组→"合并单元格"命令，或者右击选中的多个连续单元格，在弹出的快捷菜单中选择"合并单元格"命令。

拆分单元格时，将光标定位在目标单元格中，单击"表格工具-布局"动态选项卡→"合并"选项组→"拆分单元格"命令，或者右击要拆分的单元格，在弹出的快捷菜单中选择"拆分单元格"命令，打开"拆分单元格"对话框，如图 3-28 所示，确定当前单元格要拆分的行数和列数后，单击"确定"按钮。

如果拆分表格，则首先定位光标，单击"表格工具—布局"动态选项卡→"合并"选项组→"拆分表格"命令，光标所在行即为新表的首行。

2. 表格格式化

（1）设置表格属性

选中表格，单击"表格工具—布局"动态选项卡→"表"选项组→"属性"命令，打开"表格属性"对话框，如图 3-29 所示。

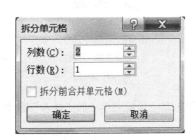

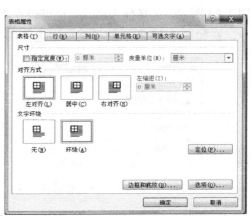

图 3-28 "拆分单元格"对话框   图 3-29 "表格属性"对话框

利用"表格属性"对话框中"表格"选项卡可设置表格的对齐方式、文字环绕、边框和底纹等。利用"行"和"列"选项卡，可精确设置表格中单元格的行高和列宽。利用"单元格"选项卡，可设置单元格中内容的垂直对齐方式。

设置表格中单元格的行高和列宽的方法还有以下两种方式。

① 将光标移至表格的线条上，当鼠标指针变为双向箭头时拖动鼠标改变表格的行高和列宽；

② 在"表格工具—布局"选项卡中，通过"单元格大小"选项组中的 高度: 1.5厘米 ˙和 宽度: ：微调按钮，调整行高和列宽的数值。

（2）设置表格样式

"表格工具—设计"动态选项卡中的"表样式"提供了很多专业且美观的表样式，选定表格后单击某一种表样式，或者通过 底纹 ▾ 和 边框 ▾ 按钮设置表格的底纹和边框。

（3）表格转换为文本

选定表格，单击"表格工具—布局"动态选项卡→"数据"组→ 转换为文本按钮，打开"表格转换成文本"对话框，如图 3-30 所示。选择一种文字分隔符，单击"确定"按钮。

 操作过程

① 新建 Word 文档，保存在指定文件夹中，命名为"个人简历.docx"。

② 按照图 3-31 个人简历表格样式所示输入表格标题。

图 3-30 "表格转换成文本"对话框

图 3-31 个人简历表格样式

③ 连续插入 6 个表格,行数和列数分别是 5 行×5 列,1 行×1 列,4 行×5 列,1 行×1 列,6 行×8 列,5 行×2 列,6 个表格自动合并为一个表格,如图 3-32 所示。

④ 把插入的表格的前 5 行按照图 3-31 所示个人简历表格样式,通过鼠标拖动边线的方式进行列宽的调整。单击"表格工具—布局"动态选项卡→"绘图"选项组→"绘制表格"命令,鼠标指针变为铅笔状,拖动铅笔状鼠标指针绘制直线,增加"性别"和"民族"两个单元格的位置。合并右上角三个单元格生成"一寸照片"的位置。调整其他行和列的宽度,生成如图 3-33 所示的效果图。

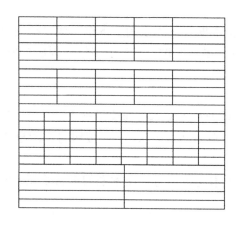

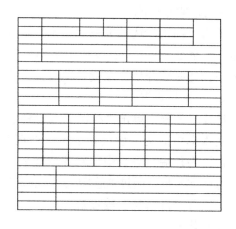

图 3-32 插入 6 个表格并合并为一个表格

图 3-33 调整列宽、绘制竖线、合并单元格后的效果图

⑤ 按照图 3-31 所示，在对应单元格中输入文字，设置文字为宋体、小四号、加粗效果。

⑥ 选中"个人履历"所在行，单击"表格工具—设计"动态选项卡→"表格样式"选项组→ ▣底纹▾ 按钮，设置底纹为灰色-25%，单击"表格工具—设计"动态选项卡→"边框"选项组→ ▦ 边框▾ 按钮，设置所在行的上、下边框线为双线型样式，将"在校期间主要课程成绩"所在行也设置为相同样式。

⑦ 调整各行的宽度。

⑧ 保存文件，预览效果。

任务4　制作招募海报

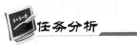
任务分析

软件兴趣小组要纳新了，一起来帮忙设计招募海报吧！通过实例练习 Word 2013 中艺术字、图片、自选图形等图形对象的插入，以及特殊效果设置等操作，并实现图文混排。本任务要求掌握艺术字、图片的插入，以及图文混排的方法。

相关知识点

1．图文混排

将 Word 文档中所具有的文字、文本框、艺术字、图形、表格等对象进行合理的图文排版，可以使文档更加美观。

（1）文本框

可以将重要内容放在文本框中突出显示，也可以通过文本框实现版面的灵活性与多样性，尤其是可以实现在图片上添加文字。文本框有横排文本框和竖排文本框两种。

① 绘制文本框。

单击"插入"选项卡→"文本"选项组→"文本框"→"绘制文本框"或"绘制竖排文本框"命令，鼠标指针变成十字形，在文档中按住鼠标左键，拖动十字指针画出矩形框，当大小合适时放开鼠标左键，此时插入点在文本框中。

② 文本框设置。

选择文本框，单击"绘图工具-格式"动态选项卡→"文本"选项组→" ‖‖文字方向▾ "按钮，文本框中的文字设置为水平、垂直或者旋转，单击" ⊞对齐文本▾ "按钮将文本框中的文字设置为顶端对齐、中部对齐或底端对齐。

选择文本框，通过"绘图工具-格式"动态选项卡还可以进行文本框的形状填充、形状轮廓、位置、自动换行等设置。

（2）艺术字

① 插入艺术字。

艺术字可以使文字实现特殊的效果，突显文字的内容，"文字效果"列表如图 3-34 所示。单击"插入"选项卡→"文本"选项组→"艺术字"按钮，在如图 3-35 所示的艺术字样式中浏览并选择。在如图 3-36 所示的"请在此放置您的文字"输入框中输入"图文混排"。艺术字效果如图 3-37 所示。

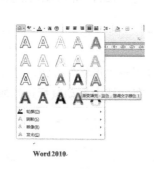

图 3-34　"文字效果"列表

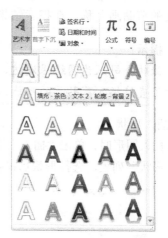

图 3-35　艺术字样式

图 3-36　输入框

图文混排

图 3-37　艺术字效果

② 编辑艺术字。

选中艺术字，出现"绘图工具—格式"动态选项卡，单击该动态选项卡，功能区如图 3-38 所示。

图 3-38　"绘图工具-格式"动态选项卡

"形状样式"选项组中的图标用于艺术字外围文本框样式的设置，"艺术字样式"选项组中提供了更改所选艺术字样式及设置艺术字填充、轮廓、效果等图标。单击"艺术字样式"选项组→"A▼"按钮，打开"文字效果"列表，可以对艺术字的阴影、映像、发光等进行设置，指向"转换"选项可以在子列表中选择艺术字弯曲效果，如图 3-39 所示。如图 3-40 所示为设置"跟随路径"效果后的艺术文字效果。

（3）图片与形状

① 插入图片。

在文档中插入图片可以使文档实现图文并茂，方法是单击"插入"选项卡→"插图"选项组→"图片"命令，打开"插入图片"对话框，选择需要插入图片的位置和名称后单击

"插入"按钮。

② 插入剪贴画。

单击"插入"选项卡→"插图"选项组→""→"在 Office.com 剪贴画"命令，输入要搜索的剪贴画名称，在搜索结果中选择一张喜欢的图片，单击"插入"按钮。

> **提示：**
>
> 微软公司认为网络很发达，不需要在计算机中存剪贴画，所以 Word 2013 中删除了直接插入剪贴画的功能。

③ 插入形状。

需要插入图形时，单击"插入"选项卡→"插图"选项组→"形状"按钮，打开如图 3-41 所示的"形状"列表，选择形状后鼠标指针变为"+"形，在文档中拖动鼠标可绘制图形。

图 3-39 艺术字　　　图 3-40 设置"跟随路径"效果后　　　图 3-41 "形状"
　　　形状图　　　　　　　的艺术文字效果　　　　　　　　　列表

> **提示：**
>
> 需要绘制水平直线、垂直直线、正圆等形状时，可以在按住【Shift】键的同时拖动鼠标绘制图形。

④ 图片工具。

Word 2013 支持多种图片文件格式，包括 EMF、WMF、JPG、JPEG、JFIF、JPE、PNG、BMP、DIB、RLE、BMZ、GIF、GFA、WMZ、PCZ、TIF、TIFF、CDR、CGM、EPS、PCT、PICT、UPG 等。

选中任意一种类型的图片对象时，会自动出现"图片工具—格式"动态选项卡，对于不同格式的图片文件，功能区也有所不同，一般包括图片样式、阴影效果、边框、排列、大小等内容。

如选中剪贴画，"图片工具—格式"功能区如图 3-42 所示。

"图片样式"选项组中预设了几十种图片风格，这些图片风格可以使图片具有更强的表现力，如单击"金属框架"按钮，得到如图 3-43 所示的效果。

图 3-42　"图片工具—格式"动态选项卡

"图片形状"、"图片边框"和"图片效果"按钮丰富了图片的设计效果。如单击 图片效果 ·
按钮，在"图片效果"列表中显示预设的图片效果，如图 3-44 所示。

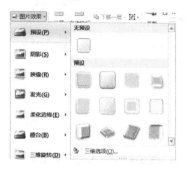

图 3-43　"金属框架"图片样式效果图　　　　图 3-44　"图片效果"列表

调整"大小"选项组中的高度值和宽度值，设置选中图片的精确大小。单击 按钮，
所选图片通过鼠标移动进行剪裁，去除图片中多余的部分，但是剪裁掉的部分只是暂时隐
藏，并没有真正被剪裁掉。

提示：

　　在设置图片样式、图片效果时，当鼠标指针停留在某一种样式或效果上时，
所选图片样式或效果会按照鼠标所停留位置的样式或效果显示。选中图片后单击
"图片工具—格式"中的 按钮，可以对一些插入的图片进行简单的抠图操作。

利用图片编辑工具，还可以锐化和柔化图片效果，更改图片的颜色、饱和度、色调、
亮度，添加艺术效果等。轻松地把文档变为艺术作品。

（4）版面编排

① 位置。

"图片工具—格式"动态选项卡下"排列"选项组中的"位置"可以设置所选对象在
页面上显示的位置，使文字自动环绕对象，方便阅读。除在下拉列表中选择"顶端居左"
"中间居中"等文字环绕方式以外，还可以单击"其他布局选项"，打开"布局"对话框，
如图 3-45 所示，设置图片的具体位置。

② 自动换行。

"自动换行"功能可以选择文字环绕所选对象的方式。文字环绕指文档中的文字和图形
对象以适当的环绕方式组织在一起。设置图片和文字的环绕方式时，首先选中图片，单击
"图片工具-格式"选项卡→"排列"选项组→ 按钮，在"环绕方式"列表中选择环绕方

式，如图3-46所示。

图3-45 "布局"对话框　　　　　　　　　图3-46 "环绕方式"列表

③ 设置分栏。

选择需要分栏的段落，单击"页面布局"选项卡→"页面设置"选项组→按钮，在"分栏"列表中选择栏数，如图3-47所示。若选择"更多分栏"选项，可以打开"分栏"对话框，如图3-48所示在"分栏"对话框中设置栏数、栏宽、栏间距、栏间分隔线等，在预览框中预览分栏效果。

在"分栏"对话框中重新把分栏数目设置为一栏，即可删除已有的分栏效果。

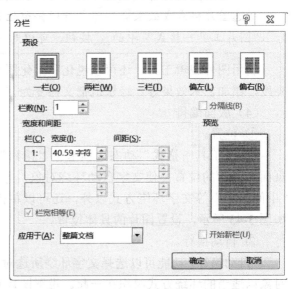

图3-47 "分栏"列表　　　　　　　　　图3-48 "分栏"对话框

当文本内容不满一页时，分栏排版会出现如图 3-49 所示左、右两栏长度不一样的情况。要设置如图 3-50 所示等长栏效果时，首先将光标移至分栏文本结尾处，单击"页面布局"选项卡→"页面设置"选项组→▤分隔符▾按钮，打开"分隔符"列表，在列表中选择"分节符"选项区中的"连续"选项，如图 3-51 所示。

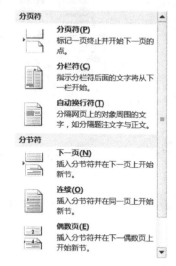

图 3-49　分栏排版出现左、右
两栏长度不一样的情况

图 3-50　等长栏效果

图 3-51　"分隔符"列表

④ 首字下沉。

把插入点定位在需要设置首字下沉的段落中，或者选中段落中的第一个字，单击"插入"选项卡→"文本"选项组→▤按钮，打开"首字下沉"列表，在列表中选择首字下沉方式，如图 3-52 所示。单击"首字下沉选项"打开"首字下沉"对话框，设置首字下沉的位置、首字的字体及下沉行数等，如图 3-53 所示。

⑤ 文字方向。

更改文字方向可以方便地编排出竖排的版面。单击"页面布局"选项卡→"页面设置"选项组→▥按钮，打开"文字方向"列表，在列表中选择文字方向，如图 3-54 所示，整篇文档的文字会按照所选文字方向编排。如果只把选中的文本设置为所选的文字方向，可以单击"文字方向"列表中的"文字方向选项"，打开"文字方向—主文档"对话框，如图 3-55 所示，选择一种文字方向，在"应用于"下拉列表中选择"所选文字"后单击"确定"按钮。

图 3-52　"首字下沉"列表

图 3-53 "首字下沉"对话框

图 3-54 "文字方向"列表

图 3-55 "文字方向—主文档"对话框

2. 中文版式

中文版式包括拼音指南、带圈字符、纵横混排、合并字符、双行合一等特殊的排版效果。

① 拼音指南。

选中需要标注拼音的文本,单击"开始"选项卡→"字体"选项组→^{wén}按钮,打开"拼音指南"对话框,如图 3-56 所示。设置拼音文字、对齐方式、字体、字号等,单击"确定"按钮。

② 带圈字符。

选中文字,单击"开始"选项卡→"字体"选项组→带圈按钮,打开"带圈字符"对话框,如图 3-57 所示。设置样式、圈号等,单击"确定"按钮。

图 3-56　"拼音指南"对话框

图 3-57　"带圈字符"对话框

③ 纵横混排。

选中文字，单击"开始"选项卡→"段落"选项组→"✕▾"按钮，打开"字符缩放"列表，如图 3-58 所示。在列表中选择"纵横混排"选项，打开"纵横混排"对话框，如图 3-59 所示。根据预览效果决定是否选中"适应行宽"复选项，单击"确定"按钮。单击"取消"按钮，可以删除已经设置的纵横混排效果。

图 3-58　"字符缩放"列表

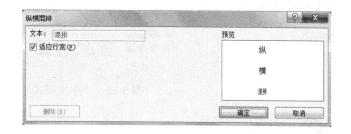

图 3-59　"纵横混排"对话框

④ 双行合一。

选中需要设置双行合一效果的文字，单击"开始"选项卡→"段落"选项组→✕▾按钮，在"字符缩放"列表中选择"双行合一"选项，打开"双行合一"对话框，如图 3-60 所示。选中"带括号"复选项，可以为双行合一后的文字加上括号。

⑤ 合并字符。

选择需要合并字符的文字，单击"开始"选项卡→"段落"选项组→✕▾按钮，在"字符缩放"列表中选择"合并字符"选项，打开"合并字符"对话框，如图 3-61 所示。修改文字内容，设置字体和字号后单击"确定"按钮。

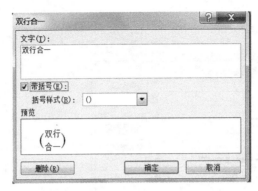

图 3-60　"双行合一"对话框

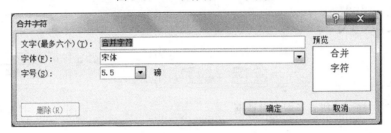

图 3-61　"合并字符"对话框

提示：

合并字符一次最多可以合并 6 个汉字。

拼音指南、带圈字符、纵横混排、合并字符、双行合一的"中文版式"实现效果如图 3-62 所示。

图 3-62　"中文版式"实现效果

 操作过程

① 新建 Word 文档，保存在指定的文件夹中，命名为"招募海报.docx"。

② 按照图 3-63 所示输入文本内容，将文中"招募条件、报名时间、报名联系方式、活动内容"等标题插入项目编号。

③ 选中正文文本，设置为楷体、小三号字，标题文字加粗。行间距设置为固定值 22 磅，段前、段后间距各 0.5 行。

④ 单击"插入"选项卡→"文本"选项组→ 按钮，在列出的艺术字样式中选择第一行第二个"填充-橙色，着色 2，轮廓，着色 2"，在"编辑艺术字文字"输入框中输入"软件兴趣小组招募成员啦！"。选中艺术字，在"绘图工具-格式"动态选项卡下选择"艺术字样式"选项组→ →"深红色"选项，"艺术字样式"选项组→ →"阴影"→"向右偏移"，"艺术字样式"选项组→" "→"转换"→"波形 1"选项。

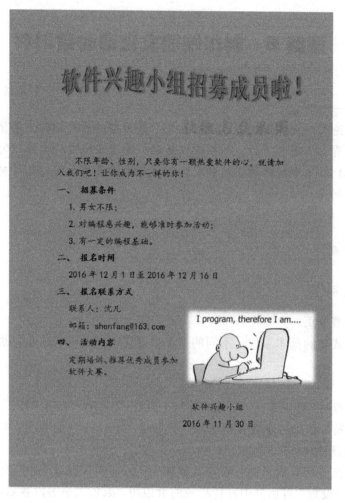

图 3-63　招募海报

⑤　单击"插入"选项卡→"文本"选项组→ 按钮，在"编辑艺术字文字"输入框中输入"让你与众不同"。选中艺术字，选择"艺术字样式"选项组→"文本填充"→"蓝色"，"艺术字样式"选项组→"文本轮廓"→"蓝色"选项，"艺术字样式"选项组→ →"三维旋转"→"左透视"选项。

⑥　单击"插入"选项卡→"插图"选项组→"图片"→"选择图片"→"插入"按钮，在"插入"对话框中选中插入的图片，单击"确定"按钮。单击"图片工具-格式"动态选项卡→"排列"选项组→ 按钮，在"环绕方式"列表中选择紧密型环绕，并把图片拖至合适的位置。在"图片工具-格式"动态选项卡下选择"图片样式"选项组→"柔化边缘矩形"选项，设置图片样式，选择"图片样式"选项卡→"大小"选项组→"高 4.95 厘米，宽 8.74 厘米"，设置图片大小。

⑦　单击"设计"选项卡→"页面背景"选项组→ →"在主题颜色中选择橙色，着色 2"命令。

⑧　单击"文件"→"保存"命令，保存文档，预览效果。

任务 5 制作校园文化活动策划书

任务分析

在制作毕业论文、产品说明书、活动策划书等类型的长文档时需要使用正确高效的方法，才能既保证质量又省时省力。学校组织活动，要求班级宣传委员撰写校园文化活动策划书。使用 Word 2013 中提供的页眉和页脚、自动生成目录、超链接等功能，完成校园文化活动策划书的制作。

相关知识点

1．长文档制作

（1）页面分节分页

节是文档格式化的基本单位，不同的节可以设置不同的格式，包括页眉或页脚、段落编号或页码等。

① 分节符。

单击"页面布局"选项卡→"页面设置"选项组→ 分隔符 按钮，打开"分隔符"列表。列表中的"分节符"选项区中有 4 个选项，分别是"下一页""连续""偶数页""奇数页"。

② 分节符的应用。

如果文档中某一部分的页面设置与其他部分不同，首先在这个部分的前、后各加一个分节符。在"页面设置"对话框中设置相应的页边距、纸张大小等内容后，选择应用于"本节"，然后单击"确定"按钮。

③ 插入分页符。

移动光标至需要换页的文档处，在"分隔符"列表中选择"分页符"选项。

（2）页眉和页脚

页眉出现在每一页的顶端，页脚出现在每一页的底端，页眉和页脚中的信息通常是一些备注信息，包括日期、公司名称、文章标题等内容。

① 插入页眉、页脚。

单击"插入"选项卡→"页眉和页脚"选项组→"页眉"→"编辑页眉"命令，单击页眉编辑区域，出现"页眉和页脚工具"选项卡，如图 3-64 所示，单击 按钮，选择插入页码的位置，设置页码格式，即可插入页码。

图 3-64 "页眉和页脚工具"选项卡

② 退出页眉和页脚编辑状态

页眉和页脚与正文在不同的编辑区域。编辑完页眉和页脚后，单击"关闭页眉和页脚"按钮，或者双击文档编辑区便可以退出页眉和页脚的编辑状态。

（3）样式

样式是系统或用户定义并保存的一系列排版格式，目的是将这种排版格式重复用于文档的其他部分。

① 查看样式。

Word 2013 提供了很多样式，如标题、正文等，单击"开始"选项卡→"样式"选项组命令，可以查看文档中提供的样式，如图 3-65 所示。

图 3-65　样式框

单击"样式"选项组右下角的 按钮，打开"样式"任务窗格，如图 3-66 所示。

② 应用样式。

应用样式是设置文档格式的快捷方法，当鼠标指针停留在某种样式上时，当前插入点所在的段落就会套用该样式。或者先选定需要设置样式的文本再选择所需要的样式，也可应用样式。

③ 创建样式。

创建样式库中没有的样式的方法是单击"开始"选项卡→"样式"选项组→" "按钮→"样式窗格"→"新建样式"按钮，打开"根据格式设置创建新样式"对话框，如图 3-67 所示。在"名称"文本框中输入新样式名，在"样式类型"下拉列表框中选择段落或字符类型，在"样式基准"下拉列表框中选择新样式的基准。单击"格式"按钮为新样式设置字符、段落等格式，根据需要选中"添加到样式库"和"自动更新"等复选框后，单击"确定"按钮，新定义的样式名即出现在当前的样式组中了。

④ 修改样式。

右击"开始"选项卡→"样式"选项组→"需要修改样式名"按钮，在弹出的快捷菜单中选择"修改"命令，打开"修改样式"对话框，根据需要修改样式的格式。

⑤ 删除自定义样式。

Word 2013 提供的样式不可删除，只可删除用户自定义的样式。在"样式"任务窗格中单击需要删除样式右侧的下拉按钮，在下拉菜单中选择"在样式库中删除"命令。

（4）目录

使用 Word 2013 提供的自动生成目录功能，可以使目录的制作变得非常简便，而且在文档发生改变后，还可以根据文档的变化利用更新目录的功能自动更新目录。一般利用标题或大纲级别来创建目录。

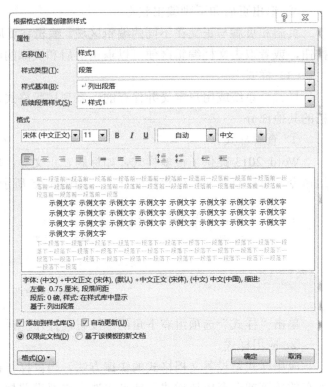

图 3-66 "样式"任务窗格　　　　　图 3-67 "根据格式设置创建新样式"对话框

① 自动生成目录。

将插入点置于添加目录的位置，单击"引用"选项卡→"目录"按钮，打开目录下拉菜单，如图 3-68 所示。选择"自动目录 1"选项或"自动目录 2"选项，可以快速按照默认值自动生成 3 级目录。选择"插入目录"选项，打开"目录"对话框，如图 3-69 所示。按需要修改显示级别、制表符前导符等。

图 3-68 目录下拉菜单　　　　　　　图 3-69 "目录"对话框

② 更新目录。

如果文档内容被修改后页码或标题发生了变化，就需要更新目录。单击自动生成的目录区上方的"更新目录"按钮打开"更新目录"对话框，如图 3-70 所示。选择"只更新页码"或"更新整个目录"选项即可。右击目录区，在弹出的快捷菜单中选择"更新域"命令，也可以打开"更新目录"对话框。

（5）超链接

利用 Word 2013 中提供的超链接功能，可以在当前 Word 文档中直接打开其他文档或网页，也可以链接到本文档中的某个位置。配合使用超链接和书签还可以在长篇文档中快速跳转到本文档中的其他位置。

① 插入超链接。

选中要插入超链接的文字，单击"插入"选项卡→"链接"选项组→"超链接"命令，打开"插入超链接"对话框，如图 3-71 所示。选择"本文档中的位置"选项，选择本文档中标题或书签，单击"确定"按钮。选择"现有文件或网页"后，在右侧可以选择除 Word 文档、Excel 文档或其他格式之外的的文档及网页。光标移至选中文字的位置处可显示所链接的内容，按住【Ctrl】键的同时单击可以访问超链接的内容。超链接的内容只要被访问一次，设置了超链接的文字就会自动变色，并且增加了下画线。

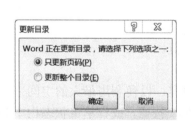

图 3-70　"更新目录"对话框　　　　　图 3-71　"插入超链接"对话框

② 取消超链接。

右击要取消超链接的内容，在弹出的快捷菜单中选择"取消超链接"命令即可取消超链接。

（6）脚注和尾注

脚注和尾注的作用是对文档中的文本进行注释并提供相应的参考资料。脚注出现在文档中相应页的底端，尾注一般出现在整个文档的结尾。

插入脚注和尾注

将光标移至要添加脚注或尾注的文本，单击"引用"选项卡→"脚注"选项组→"插入脚注或插入尾注"命令，此时文本后插入注释标记。如果插入的是脚注，光标自动移到当前页底端的注释文本区域；如果插入的是尾注，光标自动出现在整个文档的结尾。在输入注释文本时，单击区域外的任意位置，即可结束脚注编辑，回到文档的编辑状态。

单击"脚注"选项组右下角的 ⬚ 按钮，打开"脚注和尾注"对话框，如图 6-72 所示。可以设置脚注或尾注的位置、格式等。

图 3-72　"脚注和尾注"对话框

在文档中选中要删除的注释引用标记，按【Delete】键即可删除脚注或尾注。

2．长文档预览

长文档可以通过阅读视图、大纲视图及导航窗格来预览。

（1）阅读视图

阅读视图适用于文档置于全屏，一屏可以显示多页内容，以便利用最大的空间来阅读文档。单击"视图"选项卡→"视图"选项组→"阅读视图"按钮，或者单击状态栏中的 ▦ 按钮，按照阅读视图显示文档。

（2）大纲视图

大纲视图可折叠文档，只查看到某级标题，或者扩展文档以查看整篇文档，还可以通过拖动标题来移动、复制、重新组织正文。单击"视图"选项卡→"视图"选项组→"大纲视图"按钮，文档按照大纲视图显示，单击"关闭大纲视图"按钮关闭大纲视图。大纲视图预览效果如图 3-73 所示。

（3）导航窗格

单击"视图"选项卡→"显示"选项组→"勾选导航窗格"按钮，在编辑区的左侧显示导航窗格，如图 3-74 所示。在导航窗格中显示的内容应用了标题样式的文字，可以折叠或展开各级标题，也可以单击某一个标题，直接把光标定位至该标题。

图 3-73 大纲视图预览效果

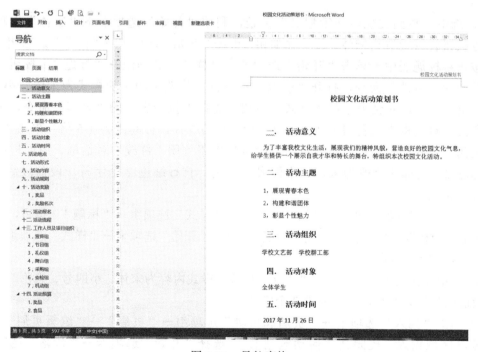

图 3-74 导航窗格

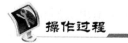操作过程

① 新建一个 Word 文档，保存在指定文件夹，命名为"校园文化活动策划书.docx"，录入文本内容，如图 3-75 所示。

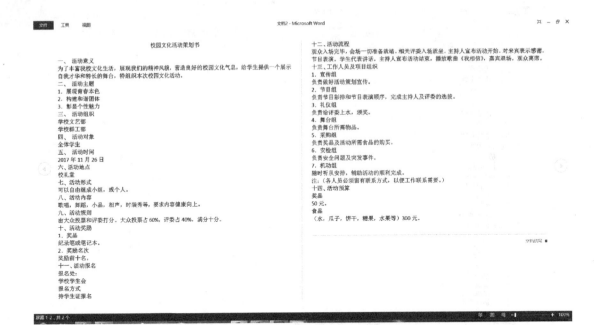

图 3-75　"校园文化活动策划书"样文

② 选中"校园文化活动策划书"标题，利用"开始"选项卡下"字体"选项组中的命令按钮将其设置为宋体、三号并加粗，单击"开始"选项卡→"段落"选项组→"居中"按钮将标题居中。单击"开始"选项卡→"样式"选项组→"标题1"按钮，单击子菜单中的"修改"命令，打开"修改"对话框，修改标题1的样式为宋体、小三号、加粗、黑色。单击对话框中的"格式"按钮，选择下拉列表中的"段落"命令，在打开的"段落"对话框中设置段前为 0.5 行，段后为 0.5 行，行间距为 1.5 倍，单击"确定"按钮关闭"段落"对话框，然后单击"确定"按钮关闭"修改"对话框。用同样的方法将"标题2"的样式修改为宋体、小四号、黑色，首行缩进 2 个字符，段前段后均为 0 行，行间距为 1.5 倍。

③ 选中一级标题，单击"开始"选项卡→"样式"选项组→"标题1"按钮，应用样式。选中二级标题，如"1. 展现青春本色"，单击"开始"选项卡→"样式"选项组→"标题2"按钮，应用样式。

④ 选中其他段落内容，应用"正文"样式，样式内容为宋体、小四号、黑色，单倍行距，段前段后均为 0 行，首行缩进 2 个字符。

⑤ 单击"插入"选项卡→"页眉和页脚"选项组→"页眉"→"编辑页眉"按钮，页眉编辑区域输入"校园文化活动策划书"，选择"开始"选项卡→"段落"选项组→"右对齐"命令。在"页眉和页脚工具"选项卡下单击 ![页码] 按钮，选择"页面底端"→"普通数字 2"选项，在页面底端中间插入页码。单击"关闭页眉和页脚"按钮退出页眉和页脚编辑状态。

⑥ 选中"工作人员"，单击"插入"选项卡→"链接"选项组→"超链接"按钮，打开"插入超链接"对话框，在"链接到"中选择"现有文件或网页"选项后在右侧选择

Word 文档"工作人员.docx",单击"确定"按钮,如图 3-76 所示。按住【Ctrl】键的同时单击文字"工作人员",访问链接的内容。

图 3-76 "插入超链接"操作

⑦ 将光标置于"十三、工作人员及项目组织"后,单击"引用"选项卡→"脚注"选项组→"插入尾注"按钮,在文档的结尾输入注释文本"注:各人员必须留有联系方式,以便工作联系。"文档执行以上操作步骤后效果如图 3-77 所示。

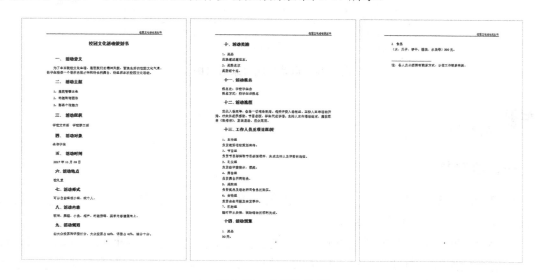

图 3-77 文档效果图

⑧ 将光标置于文档开始处,单击"引用"选项卡→"目录"按钮,打开目录下拉菜单,选择"自动目录 1"选项,系统自动把样式名为标题 1、标题 2 的内容提取成目录,自动生成目录效果如图 3-78 所示。

⑨ 在目录结尾处单击"页面布局"选项卡→"页面设置"选项组→分隔符·按钮,在"分隔符"列表中的"分节符"选项区选择"下一页"选项,这样就插入了分节符,使目录与

正文就处于不同的节中了。

⑩ 使用"阅读视图""大纲视图""导航窗格"分别预览策划书。单击"文件"→"保存"按钮，保存文档。

目录

图 3-78　自动生成目录效果图

想一想

一、填空题

1．Word 2013 中的_____代替了早期版本习惯使用的下拉菜单命令，_____替代了菜单命令，并且重新组织归类。

2．Word 2013 提供 5 种视图模式，包括_____、_____、Web 版式视图、大纲视图和_____视图。通过状态栏右侧的视图切换按钮，或者通过_____选项卡下的"文档视图"功能区实现图标按钮切换视图模式。

3．Word 2013 所保存的文档扩展名默认为_____。

4．格式化表格可以使用"表格工具"动态选项卡下的_____标签下"表"选项组实现。

5．水印是作为_____的一部分插入的。

6．页面背景可以通过_____和_____方式插入。

二、选择题

1．用于全屏显示文档的视图是（　　）。

　　A．页面视图　　　　　　　B．草稿视图

　　C．Web 版式视图　　　　　D．阅读视图

2．通过单击"插入"选项卡→"表格"选项组→"表格"按钮，按住鼠标左键拖动自动插入表格的方式插入表格，最多可以插入的表格的行数与列数是（　　）。

　　A．8×8　　　B．8×10　　　C．10×10　　　D．12×10

3．选中任意一种类型的图形对象时，会自动出现的动态选项卡是（　　）。

　　A．图片工具　　　　　　　B．表格工具

　　C．艺术字工具　　　　　　D．分栏工具

4．标记一页终止并开始下一页的点需要插入（　　）。

　　A．分页符　　　B．分节符　　　C．分栏符　　　D．自动换行符

5．在拖动水平标尺上的段落缩进符时，为了显示缩进符的精确位置需要按住的键是（　　）。

　　A．Ctrl　　　B．Shift　　　C．Alt　　　D．Tab

6．中文版式中不包括（　　）。

　　A．拼音标注　　　　　　　B．纵横混排

　　C．带圈文字　　　　　　　D．首字下沉

7．选择多个图形对象时，需要单击"开始"选项卡下"编辑"选项组中的（　　）命令。

　　A．替换　　　　　　　　　B．"选择"命令中"选择对象"

　　C．查找　　　　　　　　　D．更改样式

8．把表格中的一个单元格分为多个单元格的命令是（　　）。

　　A．合并　　　B．拆分　　　C．删除　　　D．插入

 做一做

1．设计本学期班级的课程表。

2．设计班级元旦联欢会的节目单，要求包括节目编号、节目符号和页面背景等内容。

3．以"宣传环保"为主题设计班级黑板报，要求包括艺术字、文本框、页面边框、页眉和页脚、图片、形状等内容。

4．制作班级宣传海报，要求包括班级的介绍、班级活动内容和照片，内容积极向上，制作元素包括文本框等内容。

5．为任务 5 设计的校园文化活动策划书设计封面。

6．制作班级同学简历集，要求包括目录（列出每位同学的名字）、页码、样式、脚注和尾注、超链接等内容。

学习记录

Unit 4

单元 4

数据管理——Excel 2013

本章重点掌握知识

1. 基本操作
2. 单元格的操作
3. 地址引用和公式使用
4. 制作图表
5. 分类汇总

任务描述

　　王小兰是 2016 级软件技术专业一班的学习委员。学期结束，班主任要求统计各科成绩并做成电子表格，王小兰同学决定使用 Excel 2013 完成上述任务。通过学习 Excel 2013 的操作，大家一起帮助王小兰完成这个任务吧！

任务 1　制作成绩单

任务分析

　　根据学校的要求，各班统计各科成绩并进行汇总，需要使用 Excel 2013 创建电子表格，录入姓名、科目、成绩，并保存。以制作班级成绩单为例，熟悉 Excel 2013 的工作界面，练习使用 Excel 2013 新建电子表格、保存文档等相关操作。

相关知识点

Excel 2013 是一种功能强大的电子表格处理工具，能够帮助用户分析信息、处理数据，并可以通过图表、数据透视图等方式说明数据之间的关系，实现对数据的组织、管理，从而得出准确合理的结论。

Excel 2013 的界面风格与 Excel 早期版本不同，有助于用户更快捷地完成工作。

1. 工作簿的管理

Excel 文档实际上就是一个工作簿，工作簿名就是文件名，显示在标题栏中。

（1）新建工作簿

方法一：在 Excel 2013 启动后，系统会自动创建名为"工作簿 1"的空白工作簿。

方法二：单击"文件"→"新建"命令，显示如图 4-1 所示的信息。单击"空白工作簿"后单击"创建"按钮，这样就新建了一个空白工作簿。Excel 2013 为用户提供了很多实用的模板，如会议日程、日历等，也可以利用模板创建工作簿。

图 4-1　新建工作簿

（2）保存工作簿

方法一：单击快速工具栏中的 按钮。

方法二：单击"文件"→ 保存 按钮。

如果是新建的文档，以上两种方法操作后，在打开的"另存为"对话框中选择相应的保存位置、保存工作簿的类型和名称，然后单击"保存"按钮。

对于已经保存过的工作簿，选择"另存为"命令，可以以新的工作簿名和类型保存。

提示：

默认情况下创建的工作簿文件扩展名为".xlsx"。如果保存类型选择 Excel 97-2003 工作簿，扩展名则为".xls"。除上述两种类型外，还可以按照如图 4-2 所示的其他类型保存。

（3）打开工作簿

单击"文件"选项，在左侧列表中选择最近使用的文件，单击右侧需要打开的工作簿。或者单击快速访问工具栏中的 ![]按钮，在"打开"对话框中选择要打开的工作簿，单击"打开"按钮。

提示：

在"打开"对话框中选择工作簿后，单击 打开(0) 按钮右侧的箭头，可以选择"以只读方式打开"和"以副本方式打开"等方式打开工作簿，如图 4-3 所示。

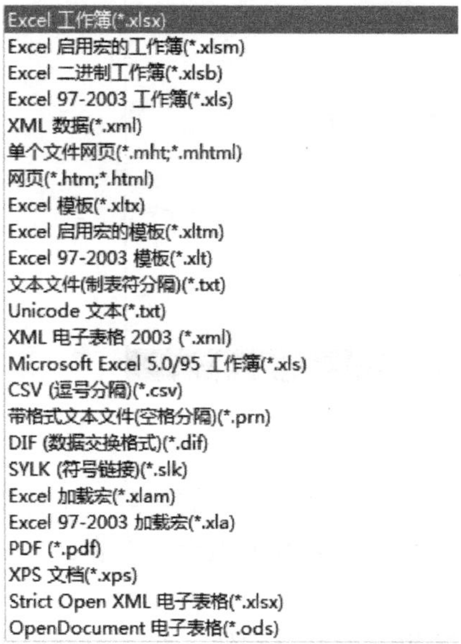

Excel 工作簿(*.xlsx)
Excel 启用宏的工作簿(*.xlsm)
Excel 二进制工作簿(*.xlsb)
Excel 97-2003 工作簿(*.xls)
XML 数据(*.xml)
单个文件网页(*.mht;*.mhtml)
网页(*.htm;*.html)
Excel 模板(*.xltx)
Excel 启用宏的模板(*.xltm)
Excel 97-2003 模板(*.xlt)
文本文件(制表符分隔)(*.txt)
Unicode 文本(*.txt)
XML 电子表格 2003 (*.xml)
Microsoft Excel 5.0/95 工作簿(*.xls)
CSV (逗号分隔)(*.csv)
带格式文本文件(空格分隔)(*.prn)
DIF (数据交换格式)(*.dif)
SYLK (符号链接)(*.slk)
Excel 加载宏(*.xlam)
Excel 97-2003 加载宏(*.xla)
PDF (*.pdf)
XPS 文档(*.xps)
Strict Open XML 电子表格(*.xlsx)
OpenDocument 电子表格(*.ods)

图 4-2 Excel 工作簿的保存类型

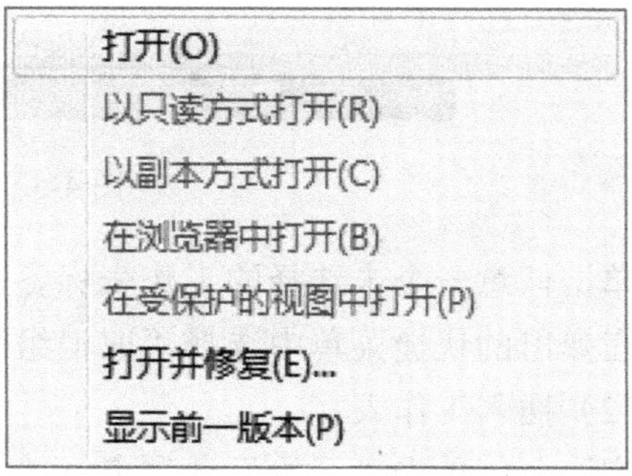

打开(O)
以只读方式打开(R)
以副本方式打开(C)
在浏览器中打开(B)
在受保护的视图中打开(P)
打开并修复(E)...
显示前一版本(P)

图 4-3 Excel 工作簿的打开方式

2．工作表的基本操作

如果把工作簿比作一个活页夹，工作表就是其中的一张张活页，每个工作簿最多包含 255 个工作表，新建工作簿默认包含 3 个工作表，名称默认为"Sheet1""Sheet2""Sheet3"。活动工作表只有一个，活动工作表名默认为"Sheet1"。

（1）选择工作表

单击工作界面下方的工作表标签可以选择工作表，如果看不到所需的标签，可单击标签滚动按钮，显示该标签，然后单击工作表标签。工作表管理栏如图4-4所示。

图4-4　工作表管理栏

当需要选择多个连续工作表时，可先单击连续工作表中的第一个工作表标签，按住【Shift】键的同时，单击要选择的最后一个工作表标签，这时被选中的工作表标签呈白色状态。选择不连续的工作表时，按住【Ctrl】键分别单击要选择的工作表标签。

当选择了多个工作表后，工作表标题栏内就会出现"工作组"字样，如图4-5所示。这时，在任意一个工作表内执行的操作会同时在工作组中的其他工作表中执行。

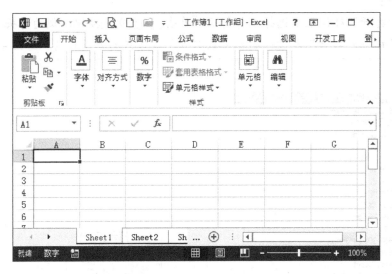

图4-5　"工作组"编辑状态

单击任意一个未选择的工作表标签，或者在所选择的多个工作表的任意一个标签上右击，在弹出的快捷菜单中选择"取消组合工作表"命令，即可取消组合工作表。

（2）插入工作表

方法一：单击"开始"选项卡→"单元格"选项组→插入·按钮，在下拉列表中选择"插入工作表"命令，即可在当前工作表前插入一张新工作表，如图4-6所示。

方法二：右击工作表标签，在弹出的快捷菜单中选择"插入"命令，打开"插入"对话框，如图4-7所示。选择"常用"选项卡中的"工作表"选项，或者选择"电子表格方案"选项卡中的某种已经设置好格式的工作表，单击"确定"按钮插入新工作表。

方法三：单击如图4-5所示的⊕按钮插入新工作表。

（3）复制、移动工作表

方法一：选中工作表管理栏中要复制或移动的工作表标签，移动工作表时，直接拖动所选择的工作表标签至所需位置；复制工作表时，按住【Ctrl】键的同时拖动所选择的工作表标签至所需位置。在拖动工作表标签时，其他工作表标签上方出现的黑色三角符号表示移动或复制的位置。

图 4-6　"插入"列表

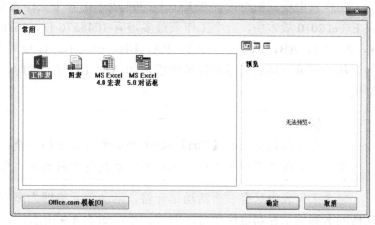

图 4-7　"插入"对话框

方法二：右击要复制或移动的工作表标签，在弹出的快捷菜单中选择"移动或复制工作表"命令，打开"移动或复制工作表"对话框，如图 4-8 所示。单击"工作簿"下方的下拉箭头，在下拉列表中选择需要将工作表移动或复制到的目标工作簿，在"下列选定工作表之前"列表中选择目标位置，单击"确定"按钮完成移动操作。如果勾选"建立副本"复选项则完成复制操作。

图 4-8　"移动或复制工作表"对话框

（4）删除工作表

右击要删除的工作表标签，在弹出的快捷菜单中选择"删除"命令；或者单击"开始"选项卡→"单元格"选项组→ 删除 按钮，在下拉列表中选择"删除工作表"命令。

（5）重命名工作表

右击要重命名的工作表标签，在弹出的快捷菜单中选择"重命名"命令；或者单击"开始"选项卡→"单元格"选项组→ 格式 按钮，在下拉列表中选择"重命名工作表"命令；还可以直接双击需要重命名的工作表标签，此时所选择的工作表标签反向显示，在输入新的工作表名称后按【Enter】键确定。

3．单元格的操作

工作表由单元格组成，在 Excel 2003 版本中一个工作表最多可有 65536 行、256 列，在 Excel 2010 版本中，一个工作表最多可有 1048576 行、16384 列。列号用 A，B，C，…，Y，Z，AA，AB，AC，…，AZ，BA，BB，…表示，行号用 1，2，3，…，表示。单元格的名称由该单元格的列号和行号组成，如 A1、B2 等。同时，名称也代表了单元格所在的位置。

> **提示：**
> 同时按键盘上的【Ctrl】键+4 个小箭头键中的一个，就可以定位到最左、最右、最上或最下的单元格，也就可以看到行和列的最大值。

每个工作表中只有一个活动单元格，活动单元格即为带有粗线黑框的单元格，活动单元格的名称显示在功能区上方的名称框中，如图 4-9 所示。

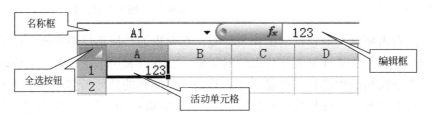

图 4-9　活动单元格及单元格编辑栏

（1）选择单元格

选择单个单元格：单击单元格。

选择连续单元格：按住鼠标左键，从要选择单元格区域的左上角开始拖动鼠标至连续区域单元格的右下角。或者先选中区域中左上角单元格，再按住【Shift】键的同时单击区域右下角的单元格。

选择不连续单元格：按住【Ctrl】键的同时单击选择不连续的单元格。

选择当前工作表中全部单元格：单击工作表左上角的"全选"按钮，如图 4-9 所示。或者使用组合键【Ctrl+A】。

选择行：单击行号。

选择列：单击列号。

（2）插入或删除单元格

插入单元格：选择要插入单元格的位置，单击"开始"选项卡→"单元格"选项组→插入·按钮，在下拉列表中选择"插入单元格"命令，在打开的"插入"对话框中选择插入单元格后活动单元格的移动方向，单击"确定"按钮，如图 4-10 所示。

删除单元格：选择要删除的单元格，单击"开始"选项卡→"单元格"选项组→删除·按钮，在下拉列表中选择"删除单元格"命令，在打开的"删除"对话框中选择删除单元格后活动单元格的移动方向，单击"确定"按钮，如图 4-11 所示。

图 4-10　"插入"对话框

图 4-11　"删除"对话框

（3）行、列的插入或删除

行、列的插入：单击行号、列号或单元格，单击"开始"选项卡→"单元格"选项组→[插入]按钮，在下拉列表中选择"插入工作表行"或"插入工作表列"命令，即在活动单元格上方或左侧插入一行或一列。

行、列的删除：单击要删除的行号或列号，单击"开始"选项卡→"单元格"选项组→[删除]按钮，在下拉列表中选择"删除工作表行"或"删除工作表列"命令，即删除了该行或该列。

（4）单元格内容的移动、复制或删除

单元格内容的移动、复制：单击要移动、复制的单元格，将鼠标指针移至单元格的边框上，出现十字箭头状光标时拖动单元格至新位置实现移动操作，在拖动单元格的同时按住【Ctrl】键实现复制操作。也可以利用复制（或剪切）和粘贴命令复制（或移动）单元格内容。

单元格内容的删除：单击要删除内容的单元格，按【Delete】键删除单元格内容。

4．格式化的操作

（1）数字的格式化

数字是单元格中最常见的内容，通过应用不同的数字格式可以更改数字的外观。

方法一：选中数字所在单元格，单击"开始"选项卡→"数字"选项组→ [常规▼] 按钮右侧的箭头，在下拉列表中选择需要设置的数字格式，如图 4-12 所示。

方法二：选中数字所在单元格，单击"字体"选项组、"对齐方式"选项组或"数字"选项组下方的[▣]按钮，打开"设置单元格格式"对话框，在"数字"标签下选择所需的数字格式。也可以直接单击[▼]、%、,、[▪]、[▪]等按钮，设置数字为货币、百分比样式、千位分隔符样式及增加或减少小数位数等。

（2）设置单元格边框与填充颜色

方法一：选中单元格，单击"字体"选项组中[田▼]按钮右侧的箭头，打开如图 4-13 所示的"边框"列表，在列表中选择所需边框，或者单击"绘图边框"选项，直接绘制边框。单击[🖌▼]按钮右侧的箭头，设置单元格的填充颜色。

方法二：右击选中的单元格，在弹出的快捷菜单中选择"设置单元格格式"命令，打开"设置单元格格式"对话框,单击"边框"和"填充"标签,设置单元格边框和填充色。

图4-12 "数字格式"列表　　　　　　　图4-13 "边框"列表

（3）自动格式化表格

单击"开始"选项卡→"样式"选项组→套用表格格式 ▾ 按钮,在样式区中单击需要套用的样式。单击 单元格样式 ▾ 按钮,为单元格快速设置预定义的单元格样式,如图4-14所示。

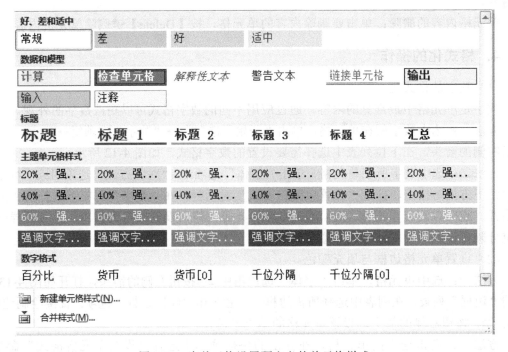

图4-14 为单元格设置预定义的单元格样式

操作过程

① 启动 Excel 2013，自动创建一个名为"工作簿 1"的空白工作簿，把该工作簿保存在指定文件夹中，并命名为"学生成绩单.xlsx"。

② 输入内容后的"学生成绩单"如图 4-15 所示。

	A	B	C	D	E
1		期末考试成绩单			
2	姓名	班级	计算机文化基础	数学	英语
3	李佳	D201201	89.5	85.5	96.5
4	李丽华	D201201	90.0	67.5	80.0
5	刘云	D201201	92.0	76.5	82.0
6	刘小青	D201201	86.0	85.5	88.0
7	吴锐	D201201	74.5	90.0	86.5
8	赵伟	D201201	80.0	92.0	80.0
9	姜一和	D201201	90.0	86.5	84.0
10	陈晓讯	D201201	82.5	80.0	76.0
11	马华	D201201	72.0	80.0	75.0
12	魏维	D201201	86.0	75.0	85.0
13	郭天昊	D201201	90.0	85.0	84.0
14	马莉	D201201	85.0	75.0	76.5
15	吕晓悦	D201201	96.5	95.5	90.0
16	张庆	D201201	84.0	80.0	86.5

图 4-15　学生成绩单

③ 设置工作表行、列。

ⓐ 将"班级"列移至"姓名"列之前。单击"班级"的列号 B，将鼠标指针移至选定的列上，当指针变为十字箭头状时，按住【Shift】键的同时拖动 B 列至"姓名"列之前，松开鼠标和【Shift】键。

ⓑ 在"姓名"列之前插入一列，并输入"学号"。单击"姓名"所在列标，然后单击"开始"选项卡→"单元格"选项组→ 插入 → 插入工作表列(C) 按钮，这样就在"姓名"列之前插入了一列。在相应位置输入"学号"，并为前两个学生输入学号"1"和"2"，同时选中这两个单元格，将鼠标指针移至选中的单元格右下角填充柄处，此时指针变为黑色十字形，然后向下拖动鼠标，在拖动的单元格上就会自动填充序号。

④ 设置单元格中文本格式。

ⓐ 设置标题文字并跨列居中。选定 A1 至 F1 区域，单击"开始"选项卡→"对齐方式"选项组→ 合并后居中(C) 按钮。选中标题文字所在单元格，在"开始"选项卡下"字体"选项组中的字体下拉表中选择"黑体"选项，字号下拉表中选择"14"选项。

ⓑ 设置标题行格式。选中 A2 至 F2 区域，在选定区域任意一处右击，在弹出的快捷菜单中选择 设置单元格格式(F)... 命令，打开"设置单元格格式"对话框。在"字体"选项卡下设置字体为"楷体"，字形为"加粗"，字号为"12"，颜色为黄色；在"填充"选项卡下设置单元格填充色为蓝色；在"对齐"选项卡下设置水平对齐方式为"居中"。

ⓒ 设置表格对齐方式。选中 A3 至 F16 区域，单击"开始"选项卡→"对齐方式"选项组→≡按钮。

⑤ 设置表格边框线。

选中 A2 至 F16 的表格区域，单击"开始"选项卡→"字体"选项组→⊞▾→田 所有框线(A) 按钮。

⑥ 工作表操作。

ⓐ 重命名工作表。右击要重新命名的工作表标签"Sheet1"，在弹出的快捷菜单中选择"重命名"命令，输入"学生成绩单"后按【Enter】键确定。

ⓑ 复制工作表。在窗口的左下角处单击"学生成绩单"工作表标签，按住【Ctrl】键的同时拖动工作表标签至所需位置。

⑦ 保存并关闭工作簿，最终效果如图 4-16 所示。

	A	B	C	D	E	F
1	期末考试成绩单					
2	学号	姓名	班级	计算机文化基础	数学	英语
3	1	李佳	D201201	89.5	85.5	96.5
4	2	李丽华	D201201	90.0	67.5	80.0
5	3	刘云	D201201	92.0	76.5	82.0
6	4	刘小青	D201201	86.0	85.5	88.0
7	5	吴锐	D201201	74.5	90.0	86.5
8	6	赵伟	D201201	80.0	92.0	80.0
9	7	姜一和	D201201	90.0	86.5	84.0
10	8	陈晓讯	D201201	82.5	80.0	76.0
11	9	马华	D201201	72.0	80.0	75.0
12	10	魏维	D201201	86.0	75.0	85.0
13	11	郭天昊	D201201	90.0	85.0	84.0
14	12	马莉	D201201	85.0	75.0	76.5
15	13	吕晓悦	D201201	96.5	95.5	90.0
16	14	张庆	D201201	84.0	80.0	86.5

图 4-16 "学生成绩单"最终效果图

任务2 统 计 成 绩

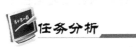

任务分析

班主任发现王小兰做的成绩单中缺少每位学生的总成绩和平均成绩，要求她补充这两项信息。

在任务 1 中，掌握了如何新建工作簿，插入工作表及单元格的相关操作，本节任务是学习如何对单元格中的数据进行计算，练习利用公式和函数计算单元格中的数据，以及地址的引用等操作。通过实例掌握公式与函数的使用、地址的相对引用和绝对引用等操作。

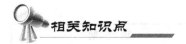

1．公式与函数的使用

（1）公式

公式是在工作表中对数据进行计算或分析的等式，它可以对工作表中的单元格数据进行加、减、乘、除等运算。公式中可以引用同一个工作表中的单元格数据，同一个工作簿的不同工作表中的单元格数据；也可以引用不同工作簿的工作表中的单元格数据。为什么要使用公式计算而不是在单元格中输入已经计算好的数据呢？使用公式的好处是当公式中所引用单元格的数据发生变化时，计算结果会自动更新。

公式以等号（＝）开头，其中包含单元格引用、运算符、常量和函数等内容，如图 4-17 所示。

图 4-17　公式组成

单元格引用是指工作表中单元格地址或单元格区域，如 A1 表示返回单元格 A1 中的值。

运算符用于指定要对公式中的数据执行的计算类型，包括算术运算符、比较运算符、文本连接运算符和引用运算符。常用的运算符如表 4-1 所示。运算符的优先级如表 4-2 所示。

表 4-1　常用的运算符

运算符类型	运　算　符	备　　注
算术运算符	＋　－　＊　／　％　∧	"∧"表示乘方运算
比较运算符	＝　＞　＜　＞＝　＜＝　＜＞	
文本连接运算符	＆	连接一个或多个文本字符串
引用运算符	：，单个空格	"："为区域运算符； "，"为联合运算符； "单个空格"为交叉运算符

表 4-2　运算符的优先级

优先级别	运　算　符	说　　明
1	：（冒号）单个空格，（逗号）	引用
2	－	负号
3	％	百分比
4	∧	乘方

续表

优先级别	运 算 符	说 明
5	* /	乘和除
6	+ -	加和减
7	&	文本连接
8	= > < >= <= <>	比较

（2）函数

函数是执行简单或复杂计算预定义公式，是由函数名和括号内的参数组成的。Excel 2013 为用户提供了大量的函数，如自动求和、财务专用、逻辑专用、数学和三角函数等。函数库如图 4-18 所示。

图 4-18　函数库

（3）公式与函数的创建

公式的输入：首先，单击要输入公式的单元格，输入"＝"和计算数，计算数可以为直接输入的常量值，也可以引用输入计算数据所在的单元格；然后，输入运算符和计算数，输入完成后按【Enter】键或单击编辑栏左侧的✔按钮。其中，引用单元格时可以直接输入单元格地址或单元格区域，也可以单击要引用的单元格或用鼠标拖动选择要引用的单元格区域。

公式输入完成后，当包含公式的单元格为活动单元格时，单元格中的公式内容显示在编辑栏中，计算结果显示在单元格内。

函数的输入：函数的结构以等号（＝）开始，然后是函数名称、左括号、参数和右括号。单击名称框右侧的 fx 按钮，或者单击"公式"选项卡→"插入函数"按钮，打开"插入函数"对话框，如图 4-19 所示。在对话框中选择要插入的函数类型，确定函数参数等。

函数不同，参数也有所不同，参数可以是数字、文本、逻辑值（TRUE 或 FALSE）、数组、单元格引用，也可以是常量、公式或其他函数。当函数作为参数使用时，函数返回的数值类型必须与参数要求的数值类型一致。

在输入函数时会出现一个带有语法和参数的工具提示，如果有多个参数，用逗号隔开，如图 4-20 所示。

（4）自动求和与快捷计算

求和计算是最常用的公式计算之一，快捷的自动求和方法如下。

单击需要放置求和结果的单元格，然后单击"开始"选项卡→"编辑"选项组→

Σ **自动求和 ▾** 按钮，或者单击"公式"选项卡→"函数库"选项组→ Σ **自动求和 ▾** 按钮，自动出现求和函数 SUM 及求和区域，如图 4-21 所示。一般求和函数会把活动单元格的左侧或上方所有数值类型的单元格默认为需要求和的单元格区域，在光标处输入新的单元格地址可以修改公式中的单元格引用。单击编辑栏左侧的 ✔ 按钮，或者按【Enter】键确定公式。单击编辑栏左侧的 ✖ 按钮，或者按【Esc】键可取消公式的输入。

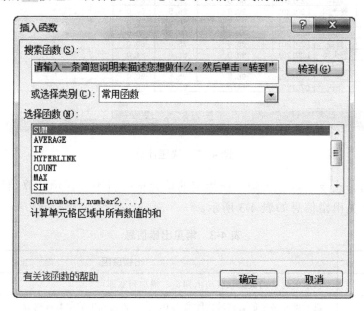

图 4-19 "插入函数"对话框

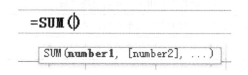

图 4-20 函数输入状态

图 4-21 求和函数 SUM 及求和区域

在分析、计算工作表中数据的过程中，如果需要临时对一些数据进行计算而无须在工作表中体现时，可以采用快速计算的方法实现。选择需要计算的单元格区域，右击状态栏，在弹出的快捷菜单中选择任意一种计算方式，计算结果就会显示在状态栏中，如图 4-22 所示。

图 4-22　快速计算

如果使用的公式或函数不正确，在指定的单元格中就不会显示计算结果，而显示相应的出错信息，常见出错信息如表 4-3 所示。

表 4-3　常见出错信息

出错提示	出错原因
"#####"	表示单元格的数据长度超出列宽，增加列宽即可
"#DIV/0！"	表示单元格中的公式项内除数为 0，查询该公式中的除数项内容
"#NAME？"	表示无法识别公式、函数中的文字内容
"#NULL！"	表示在公式、函数中使用了没有相交的区域
"REF！"	表示在公式、函数中引用的单元格无效，通常发生在公式复制操作中
"#VALUE！"	表示公式中所用的数值是错误的数据类型

2. 地址的引用

（1）相对引用

在公式、函数的复制或移动操作中，代表参数的单元格区域会随公式所在的单元格位置改变而改变，被称为相对引用。在如图 4-23 所示的工作表中，G3 单元格中的数值由公式 "=SUM（D3：F3）" 求得，当复制此公式到 G4，G5 中时，公式会自动变为 "=SUM（D4：F4）" 和 "=SUM（D5：F5）"。

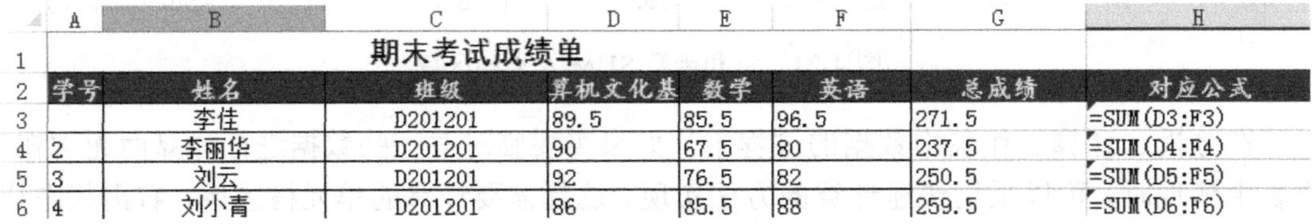

图 4-23　相对引用

（2）绝对引用

如果公式所在单元格位置改变，而引用的单元格区域保持不变，被称为绝对引用。在绝对引用时需要在表示单元格地址的列号、行号前加"$"，如"$A$5"。

（3）混合引用

在单元格引用时，如果列不需要变化，而行需要变化，则列为绝对的，行为相对的，反之亦可，被称为混合引用。如"$A5"和"A$5"等形式。

如果所引用的单元格为不同工作簿的工作表中的区域时，应该在单元格引用前输入工作簿名和工作表名。其中，工作簿名放在方括号（[]）里，单元格引用前加"！"。例如，要引用名为工作簿 2.xlsx 的工作簿的 Sheet1 工作表中的 D3 单元格，引用方法为"[工作簿 2.xlsx]Sheet1!D3"。

 操作过程

① 启动 Excel 2013，打开"学生成绩单"工作簿。

② 在"学生成绩单"工作表中增加三列新内容："计算机文化基础、实验成绩""总成绩""平均成绩"，并按照如图 4-24 所示在相应的单元格中输入计算机文化基础课和实验课的分数计算比例及文字"总成绩最大值"。

③ 计算每位学生的总成绩和平均成绩。"总成绩"为"计算机文化基础"成绩的 70%加"计算机文化基础实验"成绩的 30%，再加上"数学"和"英语"成绩。"平均成绩"按三门课程计算。"总成绩"和"平均成绩"的数值可通过创建的公式计算得到。单击 H3单元格，输入公式"=D3*K3+E3*L3+F3+G3"后按【Enter】键，这样就得到了第一名学生的总成绩。将鼠标指针移至此单元格右下角填充柄处，鼠标指针变为黑色十字形，向下拖动鼠标可自动粘贴公式计算其他学生的总成绩。单击 I3 单元格，输入公式"=H3/3"后按【Enter】键，这样就得到了第一名学生的平均成绩，同样地，使用填充方法计算其他学生的平均成绩。

	A	B	C	D	E	F	G	H	I	J	K	L
1				期末考试成绩单								
2	学号	姓名	班级	计算机文化基础	计算机文化基础实验	数学	英语	总成绩	平均成绩		计算机文化基础	实验成绩
3	1	李佳	D201201	89.5	90.0	85.5	96.5				70%	30%
4	2	李丽华	D201201	90.0	86.0	67.5	80.0				总成绩最大值	
5	3	刘云	D201201	92.0	84.0	76.5	82.0					
6	4	刘小青	D201201	86.0	86.0	85.5	88.0					
7	5	吴锐	D201201	74.5	82.0	90.0	86.5					
8	6	赵伟	D201201	80.0	84.0	92.0	80.0					
9	7	姜一和	D201201	90.0	85.0	86.5	84.0					
10	8	陈晓讯	D201201	82.5	90.0	80.0	76.0					
11	9	马华	D201201	72.0	95.0	80.0	75.0					
12	10	魏维	D201201	86.0	86.0	75.0	85.0					
13	11	郭天昊	D201201	90.0	86.0	85.0	84.0					
14	12	马莉	D201201	85.0	87.0	75.0	76.5					
15	13	吕晓悦	D201201	96.5	88.0	95.5	90.0					
16	14	张庆	D201201	84.0	80.0	80.0	86.5					

图 4-24 计算学生总成绩与平均成绩

④ 计算总成绩的最大值。单击单元格 K5，单击名称框右侧的 f_x 按钮，双击 MAX 函数，在"函数参数"的 Number1 右侧输入"H3：H16"，单击"确定"按钮，这样就得到了全部学生的总成绩的最高分值。

⑤ 按照上文为新增加的数据设置格式，最终"学生成绩单"工作表如图 4-25 所示。

学号	姓名	班级	计算机文化基础	计算机文化基础实验	数学	英语	总成绩	平均成绩		计算机文化基础	实验成绩
				期末考试成绩单							
1	李佳	D201201	89.5	90.0	85.5	96.5	271.7	90.6		70%	30%
2	李丽华	D201201	90.0	86.0	67.5	80.0	236.3	78.8		总成绩最大值	
3	刘云	D201201	92.0	84.0	76.5	82.0	248.1	82.7		279.5	
4	刘小青	D201201	86.0	86.0	85.5	88.0	259.5	86.5			
5	吴锐	D201201	74.5	82.0	90.0	86.5	253.3	84.4			
6	赵伟	D201201	80.0	84.0	92.0	80.0	253.2	84.4			
7	姜一和	D201201	90.0	85.0	86.5	84.0	259.0	86.3			
8	陈晓讯	D201201	82.5	90.0	80.0	76.0	240.8	80.3			
9	马华	D201201	72.0	95.0	80.0	75.0	233.9	78.0			
10	魏维	D201201	86.0	80.0	75.0	85.0	244.2	81.4			
11	郭天昊	D201201	90.0	86.0	85.0	84.0	257.8	85.9			
12	马莉	D201201	85.0	87.0	75.0	76.5	237.1	79.0			
13	吕晓悦	D201201	96.5	88.0	95.5	90.0	279.5	93.2			
14	张庆	D201201	84.0	80.0	80.0	86.5	249.3	83.1			

图 4-25 最终"学生成绩单"工作表

任务 3　制作成绩图表

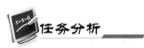
任务分析

通过图表呈现数据，可以更生动、形象地理解和说明数据，在 Excel 2013 中可以轻松地创建具有专业外观的图表。本任务将通过实例练习图表的制作。

图表的类型包括柱形图、折线图、饼图、条形图、面积图、XY 散点图、股价图、曲面图、圆环图、气泡图、雷达图等。不同类型的图表可以反映不同的效果，如柱形图用于比较数值的大小，折线图用于显示数据的变化趋势，饼图用于显示每个数值占总数值的比例等。

相关知识点

1．图表创建

创建图表的步骤如下。

① 选择用于创建图表的数据单元格。

② 单击"插入"选项卡，在"图表"选项组中可以显示图表类型，如图 4-26 所示。单击某一种图表类型，在下拉列表中选择要使用的图表子类型。如果需要查看所有可用的图表类型，可以单击图表组右下方的 按钮，打开"插入图表"对话框，选择"所有图表"选项卡，如图 4-27 所示。在对话框中可以浏览所有可用的图表类型和图表子类型，选择需要使用的图表类型后单击"确定"按钮，图表就会自动嵌入当前的工作表中。如图 4-28 所示为运动鞋销售额的柱形图表。

图 4-26　图表类型

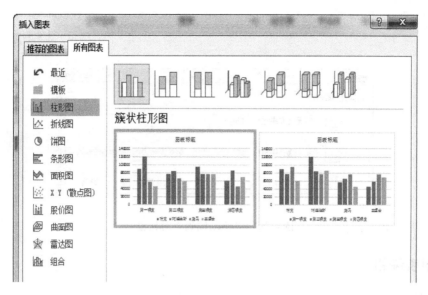

图 4-27　"插入图表"对话框

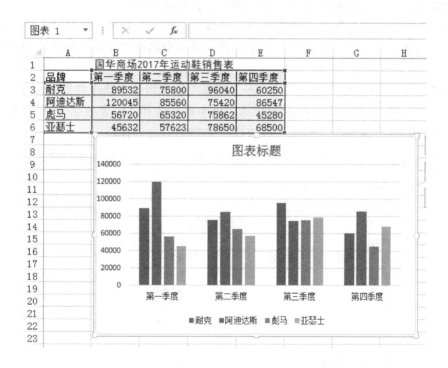

图 4-28　运动鞋销售额的柱形图表

提示：

如果要将图表单独保存在图表工作表中，可以右击图表，在弹出的快捷菜单中选择 移动图表(V)... 命令，或者单击"图表工具–设计"动态选项卡下的 按钮，打开"移动图表"对话框，如图 4-29 所示。在对话框中单击"新工作表"单选按钮，为新工作表重新命名后单击"确定"按钮。

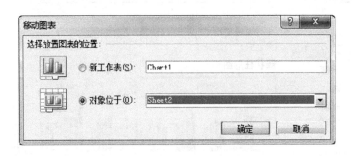

图 4-29　"移动图表"对话框

2. 图表编辑

（1）图表更新

当修改数据表中的数据内容时，相应图表就会自动更新。

如果需要给图表添加数据，首先选择新添数据的单元格内容，单击"开始"选项卡下的 复制 ▾按钮，然后右击图表，在弹出的快捷菜单中选择"粘贴"命令，即可更新图表内容。

单击"图表工具-设计"动态选项卡→"数据"选项组→"选择数据"命令，打开"选择数据源"对话框，如图 4-30 所示。在对话框中重新选择"图表数据区域"，单击"图例项"中的"添加""编辑""删除"等按钮对数据源进行选择。

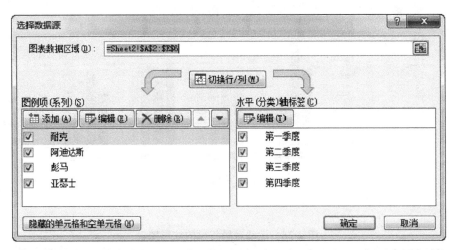

图 4-30　"选择数据源"对话框

（2）更改图表的布局或样式

图表所包含的内容，如图 4-31 所示。如果需要更改图表的布局或样式，可以在选择图表后单击"图表工具"下的"设计"、"格式"动态选项卡，如图 4-32、图 4-33 所示。

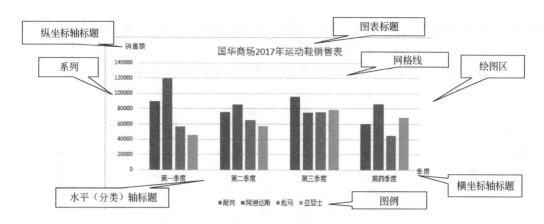

图 4-31　图表组成部分

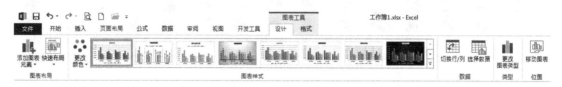

图 4-32　"设计"动态选项卡

图 4-33　"格式"动态选项卡

在"设计"动态选项卡下可以更改图表类型。通过"图表布局"选项组更改图表标题、坐标轴标题、图例等；通过"数据"选项组更新图表；通过"图表样式"选项组更改图表样式等。

"格式"动态选项卡下的各组按钮用于更改当前所选图表组成部分的形状样式等。如先单击图表中的图表标题，再单击艺术字样式即可更改图表标题的样式。

操作过程

① 启动 Excel 2013，打开"学生成绩单"工作簿。

② 创建图表。

选中"姓名"和"总成绩"两列数据，单击"插入"选项卡→"图表"选项组→"柱形图"→"簇状柱形图"按钮，在工作表中插入所创建的图表。

③ 编辑图表。

ⓐ 选中图表，单击"图表工具-设计"动态选项卡→"图表布局"选项组→ 快速布局▾ →选中布局 5"命令。

ⓑ 选中图表，单击"图表工具-设计"动态选项卡→"图表布局"选项组→ 添加图表元素▾ → 图例(L) ▸ →"无"命令。

ⓒ 单击图表中的"数据表"部分，选中"数据表"，单击"开始"选项卡→"字

体"选项组→"设置字体字号"命令,设置字体为宋体,字号为八号。

　　　ⓓ 删除图表中的"坐标轴标题"。

　　④ 保存工作簿,"学生总成绩"柱形图表最终效果如图 4-34 所示。

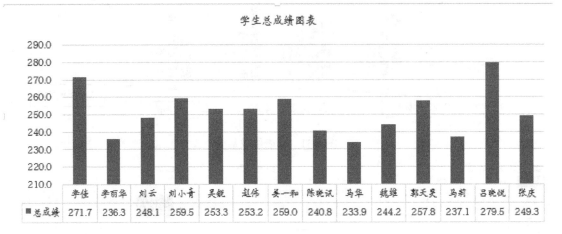

图 4-34　"学生总成绩"柱形图表最终效果

任务4　成绩汇总

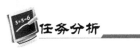 **任务分析**

　　王小兰的妈妈是国华商场的财务经理,近期想把八月份销售情况按商品的种类进行分类汇总,王小兰打算利用 Excel 2013 帮助妈妈完成这项工作。本任务通过实例练习 Excel 中数据排序、筛选和分类汇总的用法。

 **相关知识点**

1. 数据管理

　　(1) 数据排序

　　在数据管理过程中数据排序是不可缺少的操作步骤,排序方法有快速排序和自定义排序两种。

　　① 快速排序

　　选中排序关键字所在列中任意一个数据单元格,单击"开始"选项卡→"编辑"选项组→ ᢓᵧ▼ 排序和筛选按钮。在下拉列表中选择 ᢓↆ 升序(S) 命令,按照升序排序;选择 ᢓↆ 降序(O) 命令按照降序排序。或者单击"数据"选项卡→"排序和筛选"选项组→"ᢓↆ或ᢓↆ"按钮。如图 4-35 所示为按总成绩进行降序排序的效果。

	A	B	C	D	E	F	G	H	I
1					期末考试成绩单				
2	学号	姓名	班级	计算机文化基础	计算机文化基础实验	数学	英语	总成绩	平均成绩
3	13	吕晓悦	D201201	96.5	88.0	95.5	90.0	279.5	93.2
4	1	李佳	D201201	89.5	90.0	85.5	96.5	271.7	90.6
5	4	刘小青	D201201	86.0	86.0	85.5	88.0	259.5	86.5
6	7	姜一和	D201201	90.0	85.0	86.5	84.0	259.0	86.3
7	11	郭天昊	D201201	90.0	86.0	85.0	84.0	257.8	85.9
8	5	吴锐	D201201	74.5	82.0	90.0	86.5	253.3	84.4
9	6	赵伟	D201201	80.0	84.0	92.0	80.0	253.2	84.4
10	14	张庆	D201201	84.0	80.0	80.0	86.5	249.3	83.1
11	3	刘云	D201201	92.0	84.0	76.5	82.0	248.1	82.7
12	10	魏维	D201201	86.0	80.0	75.0	85.0	244.2	81.4
13	8	陈晓讯	D201201	82.5	90.0	80.0	76.0	240.8	80.3
14	12	马莉	D201201	85.0	87.0	75.0	76.5	237.1	79.0
15	2	李丽华	D201201	90.0	86.0	67.5	80.0	236.3	78.8
16	9	马华	D201201	72.0	95.0	80.0	75.0	233.9	78.0

图 4-35　按总成绩进行降序排序的效果

排序的数据为文本时,按照字母的顺序排序;排序的数据为日期或时间时,按照时间早晚的顺序进行排序。如果排序结果并不是希望得到的结果,原因可能是排序的数据中包含不正确的数据类型,如文本类型的数字和一般数字在排序时结果是不同的。

② 自定义排序

当排序的同一列数据出现相同值时,如两名学生的总成绩相同,可以选择另一个字段作为次关键字进行排序。

选择要排序的数据区域,或者确保活动单元格在要排序的数据区中。单击"开始"选项卡→"编辑"选项组→ 排序和筛选按钮,在下拉列表中选择 自定义排序(U)...命令;或者单击"数据"选项卡→"排序和筛选"选项组→ 按钮,打开"排序"对话框,如图 4-36 所示。在"主要关键字"项右侧下拉列表中选择第一排序数据列,并选择排序依据和次序。单击"添加条件"按钮,出现"次要关键字"行,选择第二排序数据列。如果需要选择第三排序数据列,则继续单击"添加条件"按钮。"删除条件"按钮可删除已经设置的排序关键字,"复制条件"按钮可复制已经设置的排序关键字。单击"选项"按钮,打开"排序选项"对话框,如图 4-37 所示,设置排序的方向和方法。

图 4-36　"排序"对话框

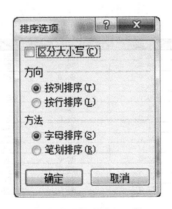

图 4-37 "排序选项"对话框

在不影响其他列的情况下，对某列数据进行排序的方法是：选择包含需要排序的数据列，单击"开始"选项卡→"编辑"选项组→ 按钮，在下拉列表中选择 自定义排序(U)… 命令，打开"排序提醒"对话框，如图 4-38 所示。选择"以当前选定区域排序"单选按钮，然后单击"排序"按钮，打开"排序"对话框，在对话框中选择需要的其他排序选项，最后单击"确定"按钮。

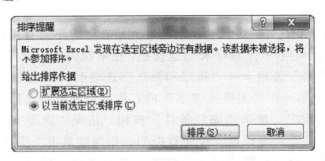

图 4-38 "排序提醒"对话框

> 提示：
> 对某列数据进行排序可能会影响同一行上的其他单元格，要谨慎使用。

（2）数据筛选

通过数据筛选可以快速查找满足条件的数据。

当活动单元格位于数据区域中时，单击"开始"选项卡→"编辑"选项组→ 按钮，在下拉列表中选择 筛选(F) 命令，或者单击"数据"选项卡→"排序和筛选"选项组→ 筛选按钮，这样数据区域中的每个字段名旁就会出现筛选箭头，如图 4-39 所示。

	A	B	C	D	E	F	G	H	I
1					期末考试成绩单				
2	学号	姓名	班级	计算机文化基础	计算机文化基础实	数学	英语	总成绩	平均成
3	13	吕晓悦	D201201	96.5	88.0	95.5	90.0	279.5	93.2
4	1	李佳	D201201	89.5	90.0	85.5	96.5	271.7	90.6
5	4	刘小青	D201201	86.0	86.0	85.5	88.0	259.5	86.5
6	7	姜一和	D201201	90.0	85.0	86.5	84.0	259.0	86.3

图 4-39 数据筛选

　　单击要设置筛选条件字段右侧的筛选箭头，选择符合筛选条件的项，得到符合该条件的所有记录。例如，单击"总成绩"右侧的筛选箭头，在"筛选条件"列表中选择数据"259"，则只显示总成绩为 259 分的学生记录，这时"总成绩"右侧的筛选箭头形状变为 。

　　筛选条件可以使用"等于""不等于""大于"等。单击筛选箭头，在下拉列表中选择"数字筛选"子列表中的"等于""不等于""大于"等命令，如图 4-40 所示。或者直接单击"数据筛选"子列表中的"自定义筛选"命令，打开"自定义自动筛选方式"对话框，如图 4-41 所示。在对话框中设置筛选条件，还可以使用"与"和"或"操作设置复杂的筛选条件。

　　在数据筛选状态下，单击"数据"选项卡→"排序和筛选"选项组→ 筛选按钮，可取消筛选状态。

图 4-40　"数据筛选"子列表

图 4-41　"自定义自动筛选方式"对话框

2．数据分析

　　数据分析中最重要的一部分工作就是数据分类汇总工作。分类汇总是汇总数据的方法之一。例如，如图 4-42 所示为原数据，如图 4-43 所示为按选修课程对成绩进行分类汇总，得出的选同一课程的最好成绩数据。

	A	B	C	D	E
1	专业课选修课程				
2	学号	姓名	班级	选修课程	成绩
3	1	李佳	D201201	Photoshop	78.0
4	1	李佳	D201201	计算机网络	96.0
5	1	李佳	D201201	数据库基础	74.0
6	2	李丽华	D201201	Photoshop	95.0
7	2	李丽华	D201201	计算机网络	62.0
8	2	李丽华	D201201	数据库基础	75.0
9	3	刘云	D201201	Photoshop	85.0
10	3	刘云	D201201	计算机网络	92.0
11	3	刘云	D201201	数据库基础	64.0
12	4	刘小青	D201201	Photoshop	75.0
13	4	刘小青	D201201	计算机网络	84.0
14	4	刘小青	D201201	数据库基础	84.0

图 4-42　原数据

图 4-43　最好成绩数据

（1）设置分类汇总

对分类字段进行排序。例如，要统计如图 4-42 所示每门选修课的平均成绩，首先，对"选修课程"中的课程进行排序；然后，选中数据区中任意一个单元格，单击"数据"选项卡→"分级显示"选项组→▦分类汇总按钮，打开"分类汇总"对话框，如图 4-44 所示，设置分类字段、汇总方式和选项汇总项后单击"确定"按钮，其中，汇总方式包括求和、平均值、计数、最大值、最小值等。把分类字段设置为"选修课程"，汇总方式设置为"平均值"，选项汇总项设置为"成绩"，即可得到如图 4-45 所示的汇总数据。

图 4-44　"分类汇总"对话框

> **提示：**
> 单击分级显示标志"1""2""3"按钮，或者单击屏幕左侧的─按钮，可以仅显示小计和合计数而隐藏原始数据，单击➕按钮可以展开显示。

如果对原数据进行了修改，分类汇总数据也会自动更新。单击"分类汇总"对话框中的"全部删除"按钮可取消分类汇总。

1 2 3		A	B	C	D	E
	1			专业课选修课程		
	2	学号	姓名	班级	选修课程	成绩
	3	1	李佳	D201201	Photoshop	78.0
	4	2	李丽华	D201201	Photoshop	95.0
	5	3	刘云	D201201	Photoshop	85.0
	6	4	刘小青	D201201	Photoshop	75.0
	7				**Photoshop**	83.3
	8	1	李佳	D201201	计算机网络	96.0
	9	2	李丽华	D201201	计算机网络	62.0
	10	3	刘云	D201201	计算机网络	92.0
	11	4	刘小青	D201201	计算机网络	84.0
	12				**计算机网络**	83.5
	13	1	李佳	D201201	数据库基础	74.0
	14	2	李丽华	D201201	数据库基础	75.0
	15	3	刘云	D201201	数据库基础	64.0
	16	4	刘小青	D201201	数据库基础	84.0
	17				**数据库基础**	74.3

图 4-45　汇总数据

（2）插入一个分类汇总项

如果要对某个项目进行数据分类汇总的同时，对另一个项目进行分类汇总，则需要插入分类汇总项。首先确保要进行的分类项已经排好序，单击"数据"选项卡→"分级显示"选项组→▦分类汇总按钮，打开"分类汇总"对话框，在"分类字段"中选择要插入的分类汇总字段，并选择汇总方式和选定汇总项，确保"替换当前分类汇总"前的复选框不被选中，单击"确定"按钮。

 操作过程

① 启动 Excel 2013，新建"商品销售表"工作簿。

② 输入原始数据，如图 4-46 所示，其中，金额一列利用公式求得。

③ 筛选数据。

ⓐ 选中"商品销售表"数据区中任意一单元格，单击"开始"选项卡→"编辑"选项组→ ⫯⫯▾按钮，在下拉列表中选择▽筛选命令。

ⓑ 单击"商品名称"右侧的筛选箭头，在列表中单击"文本筛选"子菜单"包含"选项，在"自定义自动筛选方式"对话框中的"商品名称包含"后输入"苹果"，单击"确定"按钮，显示所有商品名称中包含"苹果"的商品。再单击"商品种类"右侧的筛选箭头，在列表中"搜索"选项下选中"数码"选项，单击"确定"按钮，显示所有商品名称中包含"苹果"且商品种类为"数码"的商品，其他信息暂时隐藏，如图 4-47 所示。

ⓒ 单击"数据"选项卡→"排序和筛选"选项组→"筛选"选项，取消筛选状态，显示所有数据。

	A	B	C	D	E	F
1	国华商场商品销售一览表					
2	编号	商品名称	商品种类	数量	单价	金额
3	1	阿迪达斯运动服	衣服	1500	¥300.00	¥450,000.00
4	2	阿迪达斯跑步鞋	鞋帽	200	¥350.00	¥70,000.00
5	3	苹果Iphone 7	数码	60	¥5,030.00	¥301,800.00
6	4	苹果Iphone 6S	数码	40	¥3,999.00	¥159,960.00
7	5	彪马足球鞋	鞋帽	150	¥230.00	¥34,500.00
8	6	亚瑟士跑步鞋	鞋帽	50	¥500.00	¥25,000.00
9	7	彪马运动服	衣服	1320	¥210.00	¥277,200.00
10	8	小米手机 5	数码	40	¥1,590.00	¥63,600.00
11	9	金士顿优盘 32 G	数码	100	¥65.00	¥6,500.00
12	10	鲁花花生油	食品	230	¥135.00	¥31,050.00
13	11	金龙鱼花生油	食品	400	¥125.00	¥50,000.00
14	12	康师傅方便面	食品	2500	¥13.00	¥32,500.00
15	13	统一方便面	食品	2430	¥12.00	¥29,160.00
16	14	联想笔记本电脑	数码	50	¥3,450.00	¥172,500.00
17	15	NIKE运动服	衣服	1300	¥450.00	¥585,000.00

图 4-46　原始数据

	A	B	C	D	E	F
1	国华商场商品销售一览表					
2	编号 ▼	商品名称 ▼	商品种 ▼	数量 ▼	单价 ▼	金额 ▼
5	3	苹果Iphone 7	数码	60	¥5,030.00	¥301,800.00
6	4	苹果Iphone 6S	数码	40	¥3,999.00	¥159,960.00

图 4-47　所有商品名称中包含"苹果"且商品种类为"数码"的商品

④ 分类汇总数据。

ⓐ 选中"商品种类"单元格，单击"开始"选项卡→"编辑"选项组→▲▼按钮→"自定义排序"命令，在"自定义排序"对话框中设置主要关键字为"商品种类"，次序为"升序"，选择"数据包含标题"单选按钮，对"商品种类"项升序排序。

ⓑ 选中"商品销售表"数据区中任意一个单元格，单击"数据"选项卡→"分级显示"选项组→▦分类汇总按钮，打开"分类汇总"对话框，设置分类字段为"商品种类"，汇总方式为"求和"，选定汇总项为"金额"，单击"确定"按钮。

ⓒ 单击"分级显示标志"中的"2"，得到分类汇总数据，如图 4-48 所示。

1 2 3		A	B	C	D	E	F
	1	国华商场商品销售一览表					
	2	编号	商品名称	商品种类	数量	单价	金额
+	7			食品 汇总			¥142,710.00
+	13			数码 汇总			¥704,360.00
+	17			鞋帽 汇总			¥129,500.00
+	21			衣服 汇总			¥1,312,200.00
−	22			总计			¥2,288,770.00

图 4-48　分类汇总数据

⑤ 保存并关闭工作簿。

想一想

一、填空题

1. 在 Excel 2013 版本中每个工作簿最多包括_____个工作表，新建工作簿默认包括_____个工作表。

2. 复制工作表时，在"移动或复制工作表"对话框中必须勾选的项是_____。

3. 通过拖动移动列时，按住_____键。

4. 选择当前工作表中全部单元格时，单击工作表左上角的_____按钮，或者使用组合键_____。

5. 公式必须以_____开头。

二、选择题

1. 进行分类汇总之前，必须先对分类项进行（　　）。
   A. 排序　　　　　　　　　　B. 筛选
   C. 求和　　　　　　　　　　D. 汇总

2. 选择不连续的单元格时，选中第一个单格区域后，再选定其他区域时需按住的键是（　　）。
   A. Ctrl　　　　　　　　　　B. Tab
   C. Shift　　　　　　　　　　D. Alt

3. 要在状态栏中显示一些数据的最大值、平均值等临时数据时，首先，选择要计算的单元格区域，右击（　　），在弹出的快捷菜单中选择任意一种计算方式。
   A. 标题栏　　　　　　　　　B. 状态栏
   C. 功能区　　　　　　　　　D. 选项卡

4. 绝对引用时需要在表示单元格地址的列号、行号前加（　　）。
   A. ！　　　　　　　　　　　B. ￥
   C. $　　　　　　　　　　　 D. ？

5. 当修改数据表中的数据内容时，相应的图表（　　）。
   A. 不会更新　　　　　　　　B. 先询问再更新
   C. 自动更新　　　　　　　　D. 先更新再询问

6. 求平均值的函数是（　　）。
   A. SUM　　　　　　　　　　B. AVERAGE
   C. COUNT　　　　　　　　　D. IF

7. 快速查找出满足条件的数据时可以进行的操作是（　　）。
   A. 数据筛选　　　　　　　　B. 排序
   C. 分类汇总　　　　　　　　D. 合并计算

做一做

1．制作本班学生成绩单，输入各科成绩，利用公式计算出每位学生的总成绩和平均成绩，并按总成绩进行降序排序。

2．根据上题，把总成绩最低和最高的学生成绩用图表表现出来。

3．筛选出每门功课都超过 85 分的学生。

4．新增一个字段"某科成绩评价"，按照某科成绩填充内容，如果某科成绩>90 分，填充"优秀"，否则填充"一般"。

Unit 5

单元 5

幻灯片制作——PowerPoint 2013

 本章重点掌握知识

1. 基本操作
2. 主题设置
3. 动画设置
4. 切换设置
5. 放映设置

任务描述

　　王小兰是 2016 级计算机专业一班的宣传委员。学期末，学校要求将本学期组织的班级活动和学校活动制作成电子相册，同时要求各班级组织工作汇报，需要制作幻灯片。王小兰决定使用 PowerPoint 2013 完成各项任务。通过学习 PowerPoint 2013 的操作，大家一起帮助王小兰完成这些任务吧。

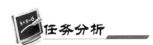

任务 1　制作工作汇报演示文稿

任务分析

学校要求各班级组织工作汇报，需要制作幻灯片。本任务以制作工作汇报演示文稿为例，熟悉 PowerPoint 2013 的工作界面，练习 PowerPoint 2013 中的新建、编辑、保存等相关操作。

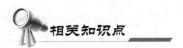
相关知识点

1．PowerPoint 2013 的工作界面与视图

与 PowerPoint 早期版本相比，PowerPoint 2013 的工作界面进行了功能整合，更加易于用户操作，规律性更强。

单击"开始"菜单→"所有程序"→"Microsoft Office PowerPoint 2013"命令，启动 PowerPoint 2013。

PowerPoint 2013 的工作界面包括标题栏、快速访问工具栏、功能区、文档编辑区、标尺、动态选项卡、滚动条、状态栏等，如图 5-1 所示。

图 5-1　PowerPoint 2013 的工作界面

（1）标题栏

标题栏位于 PowerPoint 2013 窗口的顶端，显示当前文档的名称。

（2）快速访问工具栏

快速访问工具栏由用户最常用的命令按钮组成，如新建、打开、保存、撤销等命令。

快速访问工具栏中的命令按钮可以根据用户的需要增加或删除。单击快速访问工具栏最右边的 ▾ 按钮，在下拉列表中单击需要添加到快速访问工具栏中的项目。快速访问工具栏可显示在功能区的上方或下方。

（3）功能区

PowerPoint 2013 的功能区代替了早期版本的菜单栏和工具栏，图标化按钮代替了早期版本的菜单命令，并且重新组织归类，分为"开始""插入""设计""切换""动画""幻灯片放映""审阅""视图" 8 个选项卡，每一个选项卡中又对命令按钮进行了分组。单击功能区右上角的 ⌃ 按钮可以使功能区最小化，也可单击 🔳 按钮隐藏或显示功能区。

（4）状态栏

状态栏位于 PowerPoint 2013 窗口的底部，包括幻灯片编号、备注、批注、视图、缩放等内容。

功能区与状态栏之间分成了 3 个窗格：大纲与幻灯片浏览窗格、幻灯片编辑窗格和备注窗格。

① 大纲与幻灯片浏览窗格分为大纲和幻灯片两个选项卡，用于选择在窗格中显示幻灯片文本的大纲还是幻灯片的缩略图。

② 幻灯片编辑窗格用于显示当前幻灯片的内容，在该窗格上可对幻灯片进行多种操作，如输入文字和符号，插入图片、表格和图表，设置主题和配色方案等。

③ 备注窗格用于编辑当前幻灯片的注释信息，作为演讲者的备忘录。在播放演示文稿时，备注窗格的内容不会显示，但是可以打印出来。

PowerPoint 2013 提供了 5 种视图模式，分别是普通视图、大纲视图、幻灯片浏览视图、备注页视图和阅读视图。通过"视图"选项卡下的"视图"功能区图标按钮，或者状态栏右侧的视图切换按钮切换视图模式。

① 普通视图：一次操作一张幻灯片，可以对该幻灯片进行详细的编辑。

② 大纲视图：分级显示每一张幻灯片的标题和正文。

③ 幻灯片浏览视图：在一屏中同时显示多张幻灯片的缩略图，方便对幻灯片进行顺序的调整，如插入、复制、删除、移动等操作。

④ 备注页视图：可以对每一张幻灯片的备注页进行编辑，一屏只显示一张幻灯片缩略图和相应的备注。

⑤ 阅读视图：幻灯片放映，以及查看动画和切换效果，无须切换到全屏。

PowerPoint 2013 默认的视图是普通视图，如图 5-2 所示。在新建的标题幻灯片中，编辑区中所显示的虚线文本框被称为"占位符"。简单地理解，占位符就是先占一个位置，使用者可以往里面添加文本、图片、图表等元素。"占位符"都有提示性的文字，单击占位符里面的文字，提示就会自动消失，"占位符"就变成了文本框，直接输入文字即可。

2．演示文稿的新建与保存

（1）新建幻灯片

PowerPoint 2013 提供了多种新建演示文稿的方法，常用的方法有以下两种。

方法一：使用"空白演示文稿"新建演示文稿。在启动 PowerPoint 2013 后，单击"文

图 5-2 PowerPoint 2013 的普通视图

件"→"新建"命令，打开"新建"窗格，如图 5-3 所示。在"新建"窗格中，单击"空白演示文稿"选项，即可创建一个空白演示文稿。

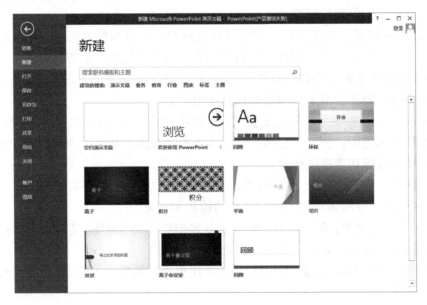

图 5-3 PowerPoint 2013 的"新建"窗格

方法二：使用"主题"新建演示文稿。PowerPoint 2013 提供了丰富的主题。主题定义了幻灯片的多种元素，包括背景、颜色、字体、设计风格等。

PowerPoint 的主题包含颜色主题、字体主题和效果主题定义的样式表，包括背景、文本和线条、阴影、标题文本、填充、强调、强调文字和超链接、强调文字和已访问的超链接 8 个要素，主题颜色的搭配直接影响演示文稿的视觉效果。

PowerPoint 的主题有两种，一种是内置主题，如"环保""离子""积分"等，可直接使用，另一种是需要联机下载的。PowerPoint 允许用户对演示文稿的某一张幻灯片或整个演示文稿指定某种主题颜色。

（2）保存幻灯片

在创建演示文稿后，需要保存演示文稿。方法是单击"文件"选项卡下的"保存"命令，或者单击快速访问工具栏中的"保存"按钮，弹出"另存为"窗格，如图 5-4 所示。

图 5-4　PowerPoint 2013 的"另存为"窗格

在"另存为"窗格中，单击"浏览"按钮，打开"另存为"对话框，输入文件名，选择保存位置，单击"确定"按钮。演示文稿的后缀名默认为".pptx"。

如果要给他人发送 PowerPoint 演示文稿，可以将演示文稿另存为"PowerPoint 放映（.ppsx）"类型，在打开该文件时，就会自动启动幻灯片放映，而不会启动 PowerPoint 进入编辑状态。

由于 PowerPoint 有很多版本，特别是 2003 版之后修改了文件格式。如果不能确定 PowerPoint 的版本，可以在保存时，再保存一份"PowerPoint97-2003 演示文稿"的文件类型。

3．幻灯片的基本操作

制作演示文稿时，首先根据文字资料，设计好每张幻灯片的主题，以及幻灯片的数量。每张幻灯片要突出一个中心思想，幻灯片之间要有逻辑性，构建幻灯片之间的故事线，形成演示文稿的整体结构。

一般演示文稿的逻辑结构如图 5-5 所示，包括封面页、摘要页、目录页、转场页、内容页、总结页和结束页等。

（1）幻灯片的版式

幻灯片的版式是指幻灯片中的文本、图片、图表、表格等多种对象的布局，PowerPoint 2013 提供了"标题幻灯片""标题和内容""两栏内容"等多种版式。版式可以在新建幻灯片时确定，如果后期制作幻灯片的过程中觉得现有版式不合适，也可以修改。单击"开始"选项卡→"幻灯片"选项组→"版式"下拉按钮，打开"版式"下拉列表，如图 5-6 所示，选择合适的版式即可。

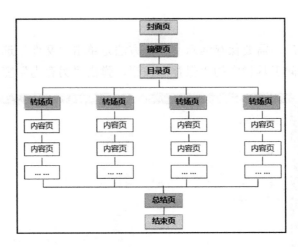

图 5-5　幻灯片的逻辑结构

图 5-6　打开"版式"下拉列表

（2）超链接

演示文稿一般按照排版的顺序依次放映，当需要改变放映顺序时，可以借助超链接来实现。当所有内容页都制作完毕，可以在目录页上给每个条目加上超链接，单击目录页上的文字，即可跳转到该内容页。在每个内容页上添加一个按钮，单击按钮返回到目录页，从而实现页面之间的跳转。

选定需要插入超链接的文字或图片，单击"插入"选项卡→"链接"选项组→"超链接"按钮，打开"插入超链接"对话框，如图 5-7 所示。在"插入超链接"对话框左侧区域选择要链接的文件或文件夹；在中间区域选择文件或文件夹的具体位置；在"幻灯片预览"区域可以看到实际效果，单击"确定"按钮即可。

用户可以使用系统提供的动作按钮设置超链接。选择动作按钮的方法是单击"插入"选项卡→"插图"选项组→"形状"下拉按钮，单击下拉列表最下端的"动作按钮"命令，选择合适的动作按钮，在幻灯片编辑区域中拖动，画出一个动作按钮。选中该动作按钮，按照上面的方法设置超链接即可。

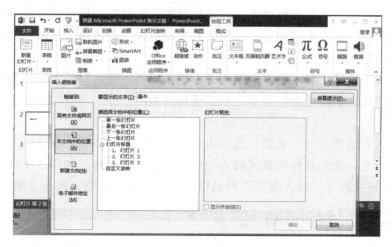

图 5-7 "插入超链接"对话框

（3）幻灯片母版

母版是 PowerPoint 中具有特殊用途的幻灯片，可以将要制作的每张幻灯片上都有的内容统一放在母版上，这样就省去了重复制作的麻烦。使用母版可以方便地统一幻灯片的整体风格。

PowerPoint 有幻灯片母版、讲义母版、备注母版 3 种，分别用于控制演示文稿中的幻灯片、讲义页和备注页的格式。母版上包含可出现在每一张幻灯片上的元素，如文本占位符、图片、动作按钮等。幻灯片母版上的对象会出现在每张幻灯片的相同位置。

对幻灯片母版的修改直接影响应用该母版的所有幻灯片。例如，需要在幻灯片中添加公司的 Logo，只需在幻灯片母版中插入即可。单击"视图"选项卡→"母版视图"选项组→"幻灯片母版"命令，出现"幻灯片母版"视图，如图 5-8 所示。

图 5-8 "幻灯片母版"视图

在幻灯片母版视图中，左侧的缩略图显示了12张默认的幻灯片母版页面。其中，第1张为基础页，对其进行添加背景、设置字体和段落、修改版式等操作后，会自动在其他幻灯片母版页面上显示；第2张为标题页，对其所做的编辑只影响标题幻灯片页面。

编辑完成后，一定要关闭幻灯片母版，方法是单击"关闭母版视图"按钮。

（4）插入表格和图表

在演示文稿中，除了输入文本和图片进行制作以外，还可以插入表格和图表，将幻灯片的数据以数字化、表格化进行展示，形式更加新颖。

① 插入表格。

单击"插入"选项卡→"表格"选项组→"表格"下拉按钮，在"插入表格"区域拖动选择列数、行数，在幻灯片编辑区插入一个默认样式的表格，如图5-9所示。或者单击"插入表格"按钮，打开"插入表格"对话框，输入行数、列数，单击"确定"按钮。

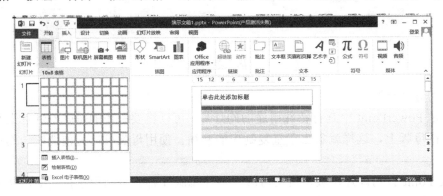

图5-9　插入表格

② 插入图表。

单击"插入"选项卡→"插图"选项组→"图表"按钮，打开"插入图表"对话框，如图5-10所示。根据数据特点选择合适的图表类型，单击"确定"按钮。

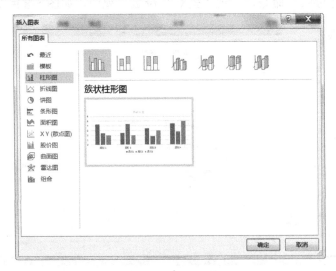

图5-10　"插入图表"对话框

（5）幻灯片放映

演示文稿保存后，接下来就要进行演示文稿的放映了。在放映幻灯片之前，最好做一些前期的准备工作。例如，设置幻灯片的放映时间、放映范围及放映方式等，在放映过程中，还需要合理地控制过程。

幻灯片放映有以下两种方法。

方法一：单击"幻灯片放映"→"开始放映幻灯片|从头开始"命令或"幻灯片放映"→"开始放映幻灯片|从当前幻灯片开始"命令，如图 5-11 所示。

方法二：直接按【F5】键，将从第一张幻灯片开始放映。

在放映的过程中，可以单击鼠标右键，使用快捷菜单中的"命令"列表，执行控制播放顺序、改变鼠标的指针、结束放映等操作。

图 5-11 "幻灯片放映"选项卡

① 设置放映方式。

对不同的放映地，需要选择不同的放映方式，以达到最佳的效果。单击"幻灯片放映"→"设置"→"设置幻灯片放映"按钮，打开"设置放映方式"对话框，如图 5-12 所示。

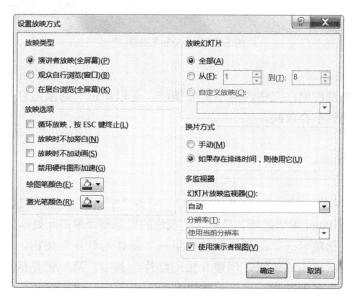

图 5-12 "设置放映方式"对话框

幻灯片的"放映类型"包括演讲者放映、观众自行浏览和在展台浏览等，用户需要根据具体的放映地进行选择。

在"放映选项"区域，勾选控制放映终止、是否加旁白、是否加动画等放映选项。

"换片方式"是指不同幻灯片之间切换的方式，包括使用排练时间自动换片和演讲者手动换片。

放映幻灯片时，如果需要同时在计算机屏幕、投影仪等多个监视器上放映，需要将"幻灯片放映监视器"设置为"自动"。同时，还要在"多监视器"区域勾选"使用演示者视图"复选框。

② 排练计时。

为了有效地掌握幻灯片的放映时间，可以对幻灯片进行排练计时，或者录制幻灯片的演示时间。单击"幻灯片放映"→"设置"→"排练计时"命令，进入幻灯片放映状态，同时弹出"录制"工具栏，如图 5-13 所示。对当前幻灯片的放映时间进行录制，录制完毕，单击"关闭"按钮，弹出提示框，询问是否保留排练时间，单击"是"按钮。

图 5-13　"录制"工具栏

③ 隐藏幻灯片。

在幻灯片放映过程中，某些内容不需要播放，可以单击"隐藏幻灯片"按钮将其隐藏起来，播放过程中就不会放映。

 操作过程

① 新建幻灯片。

打开"开始"菜单，启动 PowerPoint 2013，单击"空白演示文稿"按钮，新建一个空白演示文稿。在 PowerPoint 编辑区域，显示一个灰色的提示框"单击此处添加第一张幻灯片"。

单击"开始"选项卡→"幻灯片"选项组→"新建幻灯片"按钮，就完成了一张新的幻灯片的创建，多次单击该按钮，创建 8 张幻灯片。其中，第一张是标题幻灯片，其余是内容幻灯片。对于内容幻灯片，可以单击"开始"选项卡→"幻灯片"选项组→"幻灯片版式"下拉按钮，根据幻灯片的内容需要更换版式。

② 选择主题。

根据幻灯片的内容，选择一个合适的主题。单击"设计"选项卡→"主题"选项组→

"平面"命令，如图 5-14 所示。在第 1 张幻灯片中"单击此处添加标题"区域输入"宣传委员工作总结"，"单击此处添加副标题"区域输入"J16001 班王小兰"。

图 5-14 "设计"选项卡

③ 编辑母版。

单击"视图"选项卡→"母版视图"选项组→"幻灯片母版"按钮，进入"幻灯片母版"视图，选择第 1 张母版幻灯片，单击"插入"选项卡→"图像"选项组→"图片"按钮，打开"插入图片"对话框，选择需要插入的图片。图片插入后，调整图片的大小并将图像移动到母版幻灯中的右上角。选中图片，在"图片样式"选项组中选择"棱台左透视 白色"样式。单击"插入"选项卡→"文本"选项组→"文本框"按钮，插入一个文本框，输入"J16001 班"，调整文本框的大小并将文本框移动到母版幻灯片的右下角。

选择"幻灯片母版"选项卡，单击"关闭母版视图"按钮。

④ 设置项目符号和超链接。

在第 2 张幻灯片中输入工作汇报的提纲，设置字号为"32"。将提纲中的文本按顺序分别复制到第 3～7 张幻灯片的标题占位符中。幻灯片中的第 2 页，一般作为目录页，可以使用数字列表，也可以使用项目符号，使文本条理清楚。

设置项目符号。将插入点移动到文本前，单击"开始"选项卡→"段落"选项组→"项目符号"按钮，直接插入默认的项目符号，或者单击其下拉按钮，在下拉列表中选择"空心加粗方形项目符号"命令。也可单击"项目符号和编号"按钮，打开"项目符号和编号"对话框，如图 5-15 所示。单击"图片"按钮选择图片，或者单击"自定义"按钮选择其他的符号进行自定义设置。

图 5-15 "项目符号和编号"对话框

设置超链接。选中提纲中的第 1 项"班级园地",单击"插入"选项卡→"链接"选项组→"超链接"按钮,打开"插入超链接"对话框。单击"本文档中的位置"按钮,在"请选择文档中的位置"区域单击"幻灯片标题"中的"3.班级园地",单击"确定"按钮。按照上述方法,依次为"运动会宣传""合唱节活动""技能大赛""公寓文化节"设置超链接。

⑤ 输入文本。

分别在第 3～7 张幻灯片中输入工作总结的文本,标题字号设置为"32",内容字号设置为"28",分别设置不同的项目符号。在第 8 张幻灯片中单击"插入"选项卡→"文本"选项组→"艺术字"命令,选择一种艺术字输入"谢谢",调整艺术字大小和位置。选中艺术字,弹出"格式"动态选项卡,如图 5-16 所示。打开"格式"动态选项卡→"艺术字样式"下拉按钮,在下拉列表中选择"填充-深绿,着色 2,轮廓,着色 2"选项。

图 5-16   "格式"动态选项卡

⑥ 保存幻灯片。

单击"文件"→"保存"命令,或者单击快速工具栏中的"保存"按钮,弹出"另存为"对话框,输入文件名"宣传委员工作总结",选择保存位置,单击"确定"按钮。

预览制作完成的效果,可以切换到"幻灯片浏览视图"进行查看,如图 5-17 所示。

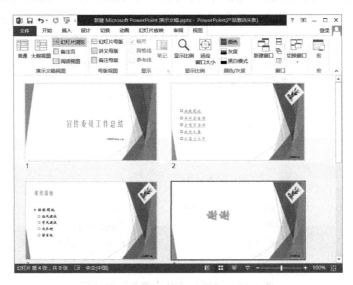

图 5-17   幻灯片浏览视图的查看效果

⑦ 放映幻灯片。

幻灯片保存后，按【F5】键查看幻灯片放映的效果。

任务2 制作电子相册

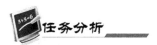

任务1完成了工作汇报演示文稿的创建、编辑和保存，接下来需要制作电子相册。通过实例学习动画效果、切换效果和放映方式等设置技巧。要求掌握添加动画、设置切换方式、设置放映方式等操作。

1．插入和编辑对象

制作电子相册，最简单的方法是将照片直接插入幻灯片，利用 PowerPoint 提供的形状、SmartArt 图形、联机图片、图表、艺术字等美化幻灯片，让其更加生动、美观，彰显个性。在"插入"选项卡下，可完成插入照片的操作，如图 5-18 所示。

图 5-18 "插入"选项卡

利用文本框或 SmartArt 图形，可以对电子相册中多个照片进行排版。使用艺术字添加标题和文字说明，或者利用线条、标注等形状进行分隔。

对形状、文本框等对象进行编辑操作，方法是选中该对象，弹出"格式"选项卡，如图 5-19 所示。在"形状样式"区域选择系统提供的各种样式，使用"形状填充""形状轮廓""形状效果"3 个按钮，可以分别对形状、文本框等设置填充色、形状轮廓、效果等自定义样式。

2．动画效果设置

动画可以使幻灯片的文字、图片、图形等元素"动起来"，从而增强演示文稿的演示效果。在 PowerPoint 2013 中，提供了以下 4 种类型的动画效果。

① "进入"效果：设置对象从无到有、逐渐淡入焦点、从边缘飞入幻灯片或跳入视图中等效果。

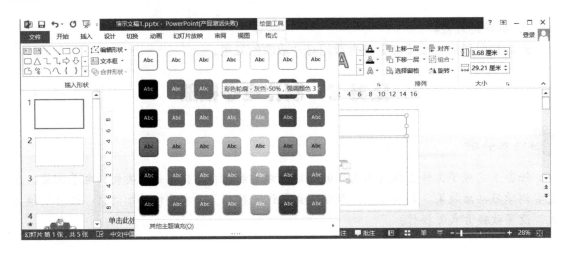

图 5-19 "格式"选项卡

② "退出"效果：设置对象从有到无、从屏幕上消失的效果。

③ "强调"效果：设置已经在屏幕上的对象，使其放大、缩小或自身旋转等强调效果。

④ 动作路径：使对象上下、左右移动，或者沿着星形、圆形图案移动，也可以绘制移动路径。

用户可以通过"动画"选项卡完成动画的添加和编辑，"动画"选项卡如图 5-20 所示。同一个对象可以添加一个动画，也可以添加多个动画。如果多个对象使用相同的动画，可以使用"动画刷"快速完成。这些操作也可以在"动画窗格"中完成。

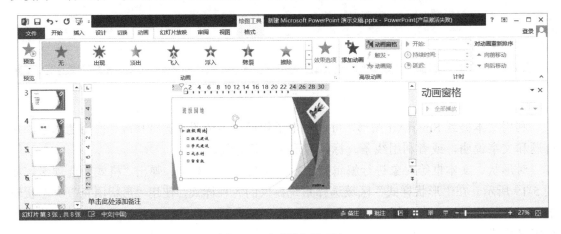

图 5-20 "动画"选项卡

3．设置幻灯片切换

幻灯片切换效果是在幻灯片放映期间从一张幻灯片移到下一张幻灯片时出现的动画效果。切换效果的设置可以增强演示文稿的播放效果，让整个放映过程体现连贯感。PowerPoint 2013 提供了细微型、华丽型、动态内容 3 种类型的切换效果，每种类型还有多个效果可以选择。"切换"选项卡如图 5-21 所示。

　　用户可以控制切换效果的速度，也可以添加声音，还可以对切换效果的属性进行自定义。设置完成后，单击"预览"按钮，可以查看切换效果。

图 5-21　　"切换"选项卡

4．添加音频和视频文件

　　在演示文稿中可以添加音频，增强演示文稿的气氛。音频可以作为阶段性的插播音乐，也可以为动画添加音频，还可以设置成贯穿始终的背景音乐。

　　PowerPoint 支持的视频格式十分有限，一般可以插入 WMV、MPEG-1、AVI，MP4 等格式的文件。AVI 的压缩编码方法很多，并不是所有的 AVI 格式都支持；WMV 格式也存在高低版本的问题，有时在一台计算机上可以正常播放，在另一台计算机上就不能播放。所以最好选择 MPEG-1 或 MP4 格式。

5．打包发布演示文稿

　　PowerPoint 2013 在 2010 版本的基础上，对"文件"的"导出"窗格做了修改，如图 5-22 所示。在"导出"窗格中，可以完成创建 PDF/XPS 文档、创建视频、将演示文稿打包成 CD、创建讲义和更改文件类型等操作。

图 5-22　　"导出"窗格

（1）创建 PDF/XPS 文档

PDF/XPS 文档可以保留幻灯片的布局、格式、字体和图像，内容不能轻易被更改，可以有效防止其他用户的误操作。

（2）创建视频

可以将幻灯片另存为可以刻录到光盘、上传到 Web 或发送电子邮件的视频，这样能够保留幻灯片中所有录制的计时、旁白和激光笔势，并且保留动画效果、切换效果和插入的多媒体对象。

（3）将演示文稿打包成 CD

可以创建一个包，以便他人能够在大多数计算机上观看此幻灯片，此包的内容包括超链接和嵌入项目，如视频、声音和字体，以及添加到包中的所有其他文件等。

（4）创建讲义

可以在 Word 中创建讲义，将幻灯片和备注的内容保存到 Word 文档中，在 Word 文档中编辑内容和设置内容格式。在此幻灯片发生更改时，能够自动更改讲义中的内容。

（5）更改文件类型

可以方便地更改幻灯片的文件类型，如 PowerPoint97-2003 演示文稿（.ppt）、PowerPoint 模板（.potx）、PowerPoint 放映（.ppsx）等文件类型。

 操作过程

① 启动 PowerPoint 2013，新建一个空白幻灯片。在左侧的缩略图区域中右击打开快捷菜单，如图 5-23 所示。重复选择"新建幻灯片"命令，新建 5 张幻灯片。利用此快捷菜单，可以完成新建、复制、删除、隐藏等操作。

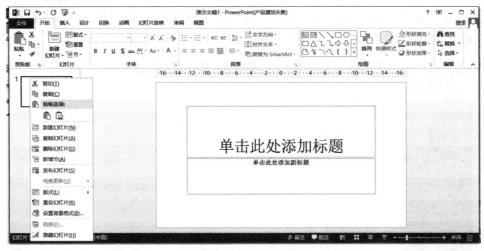

图 5-23　在左侧缩略图区域右击打开快捷菜单

② 选中第 1 张幻灯片，单击"插入"选项卡→"图像"选项组→"图片"按钮，打开"插入图片"对话框，选择要插入的图片。重复此操作，依次插入 4 张图片。选中图片，出现 8 个控制点，拖动控制点可以调整图片的大小，移动图片的位置。选中第 1 张图片，按住【Shift】键的同时，依次单击其他图片，单击"格式"动态选项卡→"图片样式"选项

组→"图片版式"下拉按钮，打开"图片版式"下拉列表，如图 5-24 所示。在下拉列表中选择"六边形群集"命令，完成图片的排版。

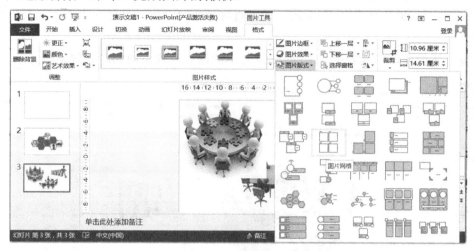

图 5-24 "图片版式"下拉列表

③ 依次在第 2～7 张幻灯片中插入图片，调整图片的大小和位置。选中图片，弹出"图片工具-格式"动态选项卡，如图 5-25 所示。可以设置图片样式、图片边框、图片效果、图片版式等格式，也可以设置对齐、旋转、裁剪、高度和宽度等。

图 5-25 "图片工具-格式"动态选项卡

使用"图片样式"制作的效果如图 5-26 所示。

图 5-26 使用"图片样式"制作的效果

④ 设置动画效果。单击第 2 张幻灯片，选中图片，单击"动画"选项卡→"高级动画"选项组→"添加动画"按钮，打开"添加动画"下拉列表，在列表中选择"进入""强调""退出"等动画效果，如图 5-27 所示。或者直接单击"动画"功能区中的"动画"按钮进行设置。

重复上述操作，依次为第 3～5 张幻灯片中的图片设置不同的动画效果。

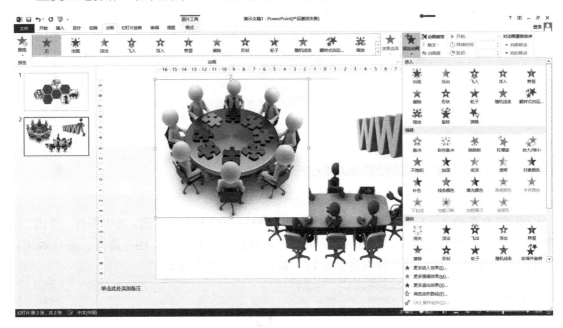

图 5-27　"添加动画"下拉列表

⑤ 设置切换效果。选中第 1 张幻灯片，单击"切换"选项卡→"切换到此幻灯片"选项组→"淡出"按钮，完成设置。单击"全部应用"按钮，对所有幻灯片设置相同的切换效果，也可以对每个幻灯片设置不同的切换效果；在"持续时间"区域，调整幻灯片切换的持续时间；在"换片方式"区域，选择 "单击鼠标时"或"设置自动换片时间"选项。设置完毕，单击"预览"按钮，查看切换效果。

⑥ 设置幻灯片背景。选中第 1 张幻灯片，单击"设计"选项卡→"自定义"选项组→"设置幻灯片背景"按钮，弹出"设置背景格式"对话框，如图 5-28 所示。

选中"填充"选项卡，单击"图片或纹理填充"按钮。在"插入图片来自"区域中单击"文件"按钮，打开"插入图片"对话框，选择合适的背景图片，单击"确定"按钮。

如果所有的幻灯片都使用相同的背景图片，则单击"全部应用"按钮。需要修改背景图片，则单击"重置背景"按钮。

⑦ 添加背景音乐。打开"插入"选项卡→"媒体"选项组→"音频"下拉按钮，单击"PC 上的音频"命令，打开"插入音频"对话框，选择合适的背景音乐文件。插入音频文件后，弹出"音频工具-播放"动态选项卡，如图 5-29 所示。单击"播放"按钮试听背景音乐的效果。

图 5-28　"设置背景格式"对话框

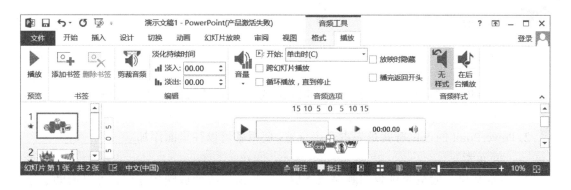

图 5-29　"音频工具-播放"动态选项卡

⑧ 打包发布电子相册。在计算机的光驱中放入一张空白光盘，单击"文件"→"导出"命令，打开"导出"对话框。选择"将演示文稿打包成 CD"选项，单击"打包成 CD"命令，弹出"打包成 CD"对话框，如图 5-30 所示。设置 CD 的名称，选择要复制的文件，可以单击"添加"按钮添加多个演示文稿。

单击"复制到 CD"按钮，自动弹出一个提示框，询问是否要在包中包含链接文件，如图 5-31 所示。在提示框中单击"是"按钮，完成操作。

图 5-30 "打包成 CD"对话框

图 5-31 提示框

 想一想

一、填空题

1. PowerPoint 2013 提供了 5 种视图模式，分别是普通视图、大纲视图、_____、_____和_____。

2. PowerPoint 的占位符就是先占一个位置，使用者可以往里面添加_____、_____、_____等元素。

3. 演示文稿一般按照排版的顺序依次放映，当需要改变放映顺序时，可以借助于添加_____来实现。

4. _____是 PowerPoint 中具有特殊用途的幻灯片，可以将要制作的幻灯片上每张都有的内容，统一放在_____上，这就省去了重复制作的麻烦。

5. 通过"动画"选项卡完成动画的添加和编辑，同一个对象可以添加一个动画，也可以添加多个动画。如果多个对象使用相同的动画，可以使用_____快速完成。

6. 切换效果的设置可以增强演示文稿的播放效果，让整个放映过程体现流畅的连贯感。PowerPoint 2013 提供了_____、_____、_____3 种类型的切换效果，每种类型还有多个效果可以选择。

7. PowerPoint 支持的视频格式十分有限，一般可以插入_____、_____、_____、_____等格式的文件。

8. 幻灯片的放映类型包括_____、_____、_____等，用户需要根据具体的放映地进行选择。

二、选择题

1. 用于在一屏中同时显示多张幻灯片的缩略图，可以方便地对幻灯片进行顺序的调整及插入、复制、删除、移动等操作的视图是（　　）。

　　A．普通视图　　　　　　　　B．备注页视图

　　C．幻灯片浏览图　　　　　　D．阅读视图

2. PowerPoint 2013 演示文稿默认的扩展名是（　　）。

　　A．.pptx　　　B．.pptm　　　C．.potx　　　D．.potm

3. PowerPoint 支持从当前幻灯片开始放映，其快捷键是（　　）。

　　A．Shift+F5　　B．Ctrl+F5　　C．Alt+F5　　D．F5

4. 要插入在每张幻灯片相同位置都显示的一个图片，应在（　　）中进行设置。

　　A．画图工具-格式　　　　　　B．幻灯片母版

　　C．幻灯片背景　　　　　　　　D．视图

5. 如果对一张幻灯片使用了系统提供的某种版式，对其中各个对象的占位符（　　）。

　　A．只能用具体内容去替换，不可删除

　　B．不可以移动位置，也不可以改变格式

　　C．可以删除，也可以在幻灯片中再插入新的对象

　　D．可以删除，但不可以在幻灯片中再插入新的对象

6. 幻灯片编辑窗格中，幻灯片中显示的虚线框称为（　　）。

　　A．矩形框　　　　　　　　　　B．文本框

　　C．占位符　　　　　　　　　　D．分栏符

7. 在幻灯片中可以插入（　　）等多媒体信息。

　　A．声音、音乐和图片　　　　　B．声音和影片

　　C．声音和动画　　　　　　　　D．剪贴画、图片、声音和影片

8. 使用（　　）设置，可以从一张幻灯片淡出转到下一张幻灯片。

　　A．自动内容步骤　　　　　　　B．幻灯片切换

　　C．幻灯片动画　　　　　　　　D．幻灯片定时

9. 设置幻灯片之间的跳转，可以设置超链接，（　　）操作是错误的。

　　A．使用文字设置　　　　　　　B．使用图片设置

　　C．使用备注设置　　　　　　　D．使用动作按钮设置

10. 设置幻灯片的背景，可以使用（　　）选项卡中的"设置背景格式"按钮。

　　A．开始　　　B．插入　　　C．设计　　　D．格式

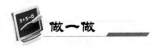

做一做

1. 假如你要申请加入社团，制作一个自我介绍的幻灯片。

2. 制作某次班级活动的电子相册。

3. 假如你刚参加完某次培训，制作一个汇报学习总结的幻灯片。

.Unit 6

单元6

Internet 应用

 本章重点掌握知识

1. Internet 基础知识
2. 浏览器的使用
3. 浏览网页和收藏网站
4. 软件的下载与安装
5. 申请电子邮箱与收发电子邮件

 任务描述

学校要求本专业的学生参加计算机应用速录比赛，同学们需要在比赛网站上了解参赛信息；在线做练习题进行备赛；在比赛网站上下载报名表，并将报名表通过电子邮件发送给比赛组委会。

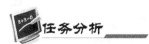 **任务 1　收藏我喜欢的网站**

任务分析

学校要求本专业的学生通过比赛网站了解比赛信息和比赛要求，熟悉比赛题型及范围。本任务通过实例练习浏览网页、收藏网站等相关操作，熟悉 Internet 的常用操作。

相关知识点

1．Internet 的基本知识

互联网（Internetwork，简称 Internet）始于 1969 年的美国，是全球性的网络，作为一种公用信息的载体，其传播速度比以往任何一种通信媒体都快。将计算机网络互相连接在一起的方法被称做"网络互联"，在此基础上发展起来的覆盖全世界的互联网络被称为"互联网"，即 "互相连接一起的网络"。

互联网在现实生活中应用非常广泛。在互联网上可以聊天、玩游戏、看电影、查阅资料、购物等，通过互联网可以在海量数据里快速地查找到自己学习、工作、社交上需要的信息。互联网给人们的生活带来很大的方便，已经深入人们的生活。

2．浏览器

WWW 是环球信息网的英文缩写，也被简称为 WEB、3W 等，中文名称为"万维网"。在 Internet 中浏览信息必须通过浏览器，浏览器是 Web 服务的客户端浏览程序，可向 Web 服务器发送各种请求，并对从服务器发来的超文本信息和各种多媒体数据格式进行解释、显示和播放。浏览器具备以下 3 个功能。

（1）跨终端

随着 PC、手机、平板电脑等多终端、多平台产品的融合，浏览器作为上网入口，跨平台功能成为其必备的功能。PC 浏览器和手机浏览器统称为浏览器。

（2）快、易、安全

无论 PC 端浏览器，还是手机端浏览器，用户最基础和迫切的需求就是快速、简单和安全地上网，否则浏览器就会失去其存在的价值。

（3）适度的平台化

PC 浏览器和手机浏览器都应具备导航功能，方便用户一键上网，省去输入网址的麻烦。平台化也是考验企业整合资源的能力，若自身有大量资源可整合，可以大大提升平台化的水平。

目前主流的浏览器有 IE（Internet Explorer）浏览器、谷歌浏览器、火狐浏览器、腾讯浏览器、360 浏览器等，常用的浏览器图标如图 6-1 所示。Windows 操作系统自带的是 IE 浏览器。

IE 浏览器由于其先入为主的优势，以及和操作系统捆绑的有利条件，其霸主地位难以撼动；谷歌浏览器因其简洁和快速赢得人心，不过还有许多不完善的地方；火狐浏览器由于其开源、插件丰富、性能优越等优点，被很多用户接受。由于一些网站（如支付类网站等）只支持 IE 浏览器，许多浏览器用户成为了多浏览器用户。

图 6-1　常用的浏览器图标

3．浏览网页和收藏网站

若要浏览网页，就必须学会浏览器的设置和使用。

（1）设置浏览器的主页

启动浏览器后，首先打开的是主页，不同浏览器或用户，设置的主页不同。通常主页中有大量的导航，可以快速地找到需要浏览的网站。

主页是每次打开 IE 浏览器时最先显示的 Web 页。务必将主页设置为需要频繁查看的 Web 页，或者将它设置为可供快速访问所需信息的自定义站点，如 www.imr.ac.cn 主页。如果要转到在第一次启动 IE 浏览器时显示的 Web 页，在"工具"菜单中，单击"Internet 选项"→"常规"选项卡，在"主页"区域单击"使用当前页"命令。如果要恢复原来的主页，可单击"使用默认页"命令。

（2）直接输入网址

若要浏览某个网站，在地址栏中直接输入它的域名或 IP 地址（如 www.baidu.com），按【Enter】键，即可进入该网站。

（3）使用收藏夹

在浏览网站的过程中，有一些网址需要多次访问，而且网址不容易记忆，输入时容易出错。利用浏览器自身的收藏夹功能收藏该网址便可解决这个问题。

4．使用搜索引擎

如果希望在网络中得到特定的信息，在知道相应的标题或短语的情况下，可以使用搜索引擎。搜索引擎使用自动索引软件来发现、收集、标引网页并建立数据库，以 Web 形式提供给用户一个检索界面，供用户输入关键词进行检索，以控制包含所需信息的网页。

任何搜索引擎的设计都有其特定的数据库索引范围，独特的功能和使用方法，以及预期的用户指向。搜索引擎是一个对互联网信息资源进行搜索、整理和分类，并储存在网络数据库中供用户查询的系统，包括信息搜集、信息分类、用户查询 3 部分。

（1）搜索引擎的工作过程

① 获取网页。

每个独立的搜索引擎都有自己的网页获取程序。获取程序顺着网页中的超链接，连续地获取网页。被获取的网页称为网页快照。

② 处理网页。

搜索引擎获取网页后，要做大量的预处理工作才能提供检索服务。其中，最重要的工作就是提取关键词，建立索引文件。

③ 提供检索服务。

输入关键词进行检索，搜索引擎能够从索引数据库中找到匹配该关键词的网页。为了便于用户判断，除网页标题和 URL 外，还会提供一段来自网页的摘要及其他信息。

（2）搜索引擎的分类

搜索引擎按照信息搜索服务和服务提供方式的不同，可分为以下 4 种类型。

① 全文搜索引擎。

检索器根据用户的输入查询，按照关键词检索索引数据库。在主页上有一个检索框，在检索框中输入要查询的关键词，可以是多个关键词，搜索引擎会在自己的信息库中搜索含有关键词的信息条目。用户可以通过分析，选择自己需要的网页链接，直接访问要找的网页。

② 目录索引类搜索引擎。

按照目录分类的网站链接列表进行搜索。用户完全可以不依靠关键词进行搜索，仅按照分类目录即可找到需要的信息。

③ 元搜索引擎。

在检索时，元搜索引擎接收用户的查询请求后，同时在多个搜索引擎上搜索，并对搜索结果进行汇总、筛选等优化处理后，以统一格式在一个界面上集中显示。

④ 智能搜索引擎。

此类搜索引擎除具有传统的全网快速检索、相关度排序等功能以外，还具有用户等级、内容的语义理解、智能信息化过滤等功能，为用户提供了一个真正个性化、智能化的网络工具。

（3）关键词

由于设计搜索引擎的目的、方向和技术不同，同一个关键词在不同的搜索引擎上可能查到不同的结果。在使用搜索引擎前，要选择较为合适的引擎站点。对于同一个搜索引擎，不同的关键词，也可能获得不一样的搜索结果。所以，掌握一定的搜索方法和技巧，对高效利用网络信息资源有着重要的意义。

关键词要能够表达查找资源的主题，不要使用没有实质意义的词作为关键词，如介词、连词、虚词等。同时，还要利用同义词来约束该关键词，以保证检索结果的全面和准确。

确定了搜索引擎后，最好先使用含义较广的关键词搜索，然后再逐步缩小范围。

使用关键词搜索的技巧有以下 5 点。

① 使用英文双引号进行精确匹配。

如果要查找的是一个确切的短语，可以通过英文双引号把整个短语作为一个关键词，如"教师培训"。若不用英文双引号，所有包含"教师"和"培训"这两个关键词之一的网页，都会呈现给用户，反之则只呈现包含该短语的网页，选择检索的精确度大幅度提高。

②　利用多个关键词搜索。

使用多个关键词进行搜索时，关键词之间使用"+"、"-"或空格进行连接。加入"+"或空格，表示告诉搜索引擎，这些关键词要同时出现在搜索结果的网页中；加入"-"则表示告诉搜索引擎，这个关键词不要出现在搜索结果的网页中。

③　搜索结果至少包含多个关键词中的一个。

使用大写的英文"OR"表示逻辑"或"操作。输入"A OR B"，就是指在搜索的网页中，要么有 A，要么有 B，要么同时有 A 和 B。例如，搜索包含 PHP 或 MySQL 的网页，可以输入"PHP OR MySQL"进行搜索。

④　使用"site"把搜索结果限制在某个网站内进行。

"site"表示搜索结果限于某个具体网站或网站频道。例如，在搜索引擎的搜索框中输入"网页设计与制作 site：51CTO.com"，找到的网页都是 51CTO.com 网站中的资源。

⑤　搜索某一类型的文档。

"filetype"可以检索相应类型的文档。例如，要搜索《网页设计与制作》的 PPT 文档，在搜索引擎的搜索框中直接输入"网页设计与制作 filetype: pptx"即可。

5．保存与下载资源

在网络世界，除了可以浏览各种各样的信息外，还可以将各种信息下载并保存，将网上提供的资源，如音乐、影片、游戏、软件、图片、网页等，保存到个人计算机中，便于随时随地使用。

下载和保存资源的方法有以下 4 种。

（1）网页中链接文件的下载

在很多网站的页面中，为可以直接下载的文件做好了链接，用户可以选择"直接单击"或"目标另存为"下载。

（2）保存整个网页

如果要将网页保存到本地计算机中，可以在浏览器窗口单击"文件"菜单，打开下拉菜单，单击"另存为"命令，弹出网页保存窗口，设置完保存位置和网页名称后，单击"保存"按钮。使用这种方法保存网页，可将其中的所有文字和图片都保存下来，以后可以随时查看，但是网页内容不会自动更新。如果希望看到最新的网页，还需到网站上浏览。在"文件"下拉菜单中单击"打印"命令，还可将整个页面打印出来。

（3）网页中单个图片的下载

若想保存网页中的某个图片，可以在该图片上右击，如果在弹出的快捷菜单中有"图片另存为"命令，表明该图片是以普通的文件形式镶嵌在网页中的，单击该命令，在弹出的对话框中设置文件名和保存位置，就可以保存到本地硬盘上了。

对于这样的图片，也可以在右击弹出的快捷菜单中选择"复制"命令，将其复制到剪贴板上，再用"画图"等图形处理软件处理和保存；还可以在 Word 或 PowerPoint 等软件中使用"粘贴"命令将该图片插入当前文档中。

如果在弹出的快捷菜单中没有"图片另存为"和"复制"选项，可以采用屏幕复制的办法，按【PrintScreen】键将整个屏幕复制下来，然后利用"画图"等图形处理软件进行处理。

（4）IE 的拖动技术

IE 的拖动技术已经融合到整个 Windows 操作系统中，可将网页中的内容，如图片、超链接等，直接拖动到如 Word、FrontPage 等其他应用程序中。在网页中看到感兴趣的链接，只需把链接拖动到编辑页面中即可。对于 Word 等编辑软件也是一样，若将图片拖动到 Word中，这个图片就嵌入了文档中。在 IE 中保存图片也是易如反掌，只需将图片拖动到合适的文件夹中，此图片就被保存下来了。

 操作过程

（1）使用 IE 浏览器

不同的浏览器页面不同，但基本操作都是相似的。本任务以 IE 浏览器为例，讲解浏览器的使用。

双击桌面上的 IE 浏览器图标，或者单击任务栏中的 IE 浏览器图标，可打开 IE 浏览器的工作界面，如图 6-2 所示。界面包括标题栏、窗口控制按钮、前进后退按钮、地址栏、搜索栏、收藏夹栏、菜单栏、命令栏、网页浏览区和状态栏等。版本不同，操作界面略有不同。

图 6-2　IE 浏览器的工作界面

（2）设置默认主页

单击"开始"菜单，在右侧列表中选择"控制面板"命令。打开"控制面板"窗口，选择"网络和 Internet"选项，单击"网络和共享中心"命令，打开如图 6-3 所示的"网络和共享中心"窗口。单击左侧列表中的"Internet 选项"命令，打开"Internet 属性"对话框，如图 6-4 所示。

图 6-3　网络和共享中心

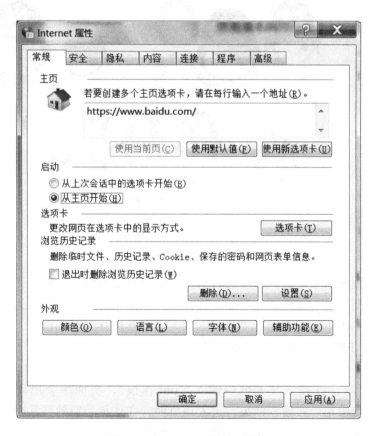

图 6-4　"Internet 属性"对话框

在"Internet 属性"对话框中设置默认主页，设置方法有以下两种。

① 在"主页"区域，输入要设置为主页的网址，可以根据需要设置多个主页选项卡。

② 启动浏览器，打开要设置为主页的网站，单击"使用当前页"按钮。

（3）保存网页中的资源

① 保存图片

打开 IE 浏览器（默认主页为 www.baidu.com），在搜索文本框中输入"qq 图标"，页面中会出现多条搜索结果，如图 6-5 所示。

图 6-5　百度图片搜索结果

选择第一个搜索结果，进入百度图片页面。选择合适的图片，在该图片上右击，弹出浏览器页面的快捷菜单，如图 6-6 所示。选择快捷菜单中的"图片另存为"命令，将该图片保存到本地计算机中；或者选择"复制"命令，将其保存到剪贴板上，再粘贴到需要保存的 Word 文档、PPT 演示文稿等其他文件中。

② 保存文件

打开 IE 浏览器，在搜索文本框中输入"ppt 模板"，页面中会出现多条搜索结果，如图 6-7 所示。选中第一条搜索结果，进入该页面。在这种类似的网站中，下载文件有两种方式，一种是免费的，另一种是需要付费的，可根据个人需要，进行选择。

图 6-6 浏览器页面的快捷菜单

图 6-7 ppt 模板的搜索结果

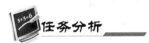

任务 2 下载 QQ 并安装

完成参加比赛的报名工作后，组委会要求所有参赛队员加入 QQ 群。学校给备赛小组配备了新的计算机，计算机中还没有安装 QQ 软件，同学们需要从网上下载 QQ 软件并完成安装。

相关知识点

1．软件的下载和安装

人们在工作和学习的过程中，需要下载各种各样的软件来拓展计算机的功能，以满足娱乐、学习及工作的需要，下载软件的方法有以下 3 种。

① 利用安全卫士软件大全、软件管家、软件助手等软件下载，如 360 安全卫士等。

② 利用下载网站下载。

③ 在软件官方网站下载。

软件一定要在口碑好的下载网站上下载。一般在浏览器首页都能看到"软件"词条，从词条进入去查找下载网站和需要的软件。找到需要的软件后，查看下载量和评论，选择下载量大且评论好的软件进行下载。

在安装软件之前，要了解是否有捆绑安装，若有捆绑，而且不需要捆绑的内容，在安装过程中一定要选择自定义安装，去掉捆绑的内容。有些病毒软件和流氓软件，一旦安装进计算机或手机，就很难卸载。

不要盲目地下载软件和网络资源，最好的办法是在计算机或手机中安装病毒防护软件和软件管理软件，在需要下载软件时，选择在软件管理软件中查找需要下载的软件，这样既安全，又省时省力。

2．下载和安装软件的注意事项

在软件安装和使用过程中，经常会出现各种各样的问题，如无法安装、运行失败、导致计算机中毒等。因此，下载和安装软件时应该注意以下 7 个问题。

① 下载软件一定要到正规、大型的下载网站下载，如华军软件园、太平洋下载中心等，不要选择小型无证的网站，这些网站可能被植入了病毒和木马程序。

② 如果计算机安装了百度卫士或 360 安全卫士，可以在软件大全中下载需要的软件。

③ 下载和安装软件时要注意下载和安装地址，软件下载和安装一般是默认在 C 盘的，但是 C 盘是系统盘，如果 C 盘中安装了过多的软件，可能会导致软件无法运行或运行缓慢。

④ 下载和安装时要查看是否有捆绑软件。通常情况下，在安装完成后才发现下载和安

装了很多不需要的软件，所以下载时要查看是否有捆绑软件，避免下载这些不需要的软件。

⑤ 下载和安装软件应选择正式版软件，不要选择测试版软件。测试版软件的功能可能不完善，还存在很多问题；正式版软件则是经过大量测试，确认不会出现问题才推出的。

⑥ 下载和安装的软件一定要经过安全软件的安全扫描。

⑦ 不要下载和安装过多或相同的软件。每一个软件安装在计算机中都要占据一定的计算机资源，下载和安装相同的软件还可能导致两款软件之间出现冲突，导致软件不能使用。

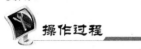

操作过程

① 以搜狗浏览器为例，打开浏览器。在主页的搜索框中输入"qq"，输入时会自动根据记忆弹出相关的提示，供用户选择，如图 6-8 所示。依据需要选择"qq 下载"。

图 6-8　在搜狗浏览器主页的搜索框中输入"qq"

② 搜狗搜索引擎自动搜索，弹出"QQ 最新官方免费下载_搜狗下载"选项，如图 6-9 所示。根据需要选择不同的操作系统版本，如电脑版、安卓版、Iphone 版等，单击"高速下载"或"普通下载"按钮。

图 6-9　"QQ 最新官方免费下载_搜狗下载"选项

③ 单击"高速下载"按钮，弹出"搜狗高速下载"对话框，如图 6-10 所示。在"下载到"文本框中，显示的是默认的下载位置，如果要更改下载位置，可单击"浏览"按钮，确定新的下载位置。

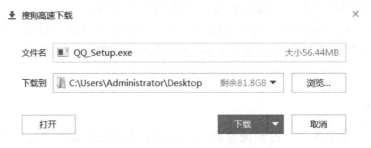

图 6-10 "搜狗高速下载"对话框

④ 打开保存下载文件的文件夹，双击"QQ_Setup.exe"文件，打开"QQ 安装"对话框，如图 6-11 所示。

图 6-11 "QQ 安装"对话框

⑤ 单击"立即安装"按钮，开始自动安装。在下方的进度条中会出现提示信息，告诉用户安装的进度，如图 6-12 所示。

图 6-12 QQ 安装进度界面

⑥ 安装完成后的界面如图 6-13 所示。一般在软件安装完成后，会有一些复选框的提示，用户可根据需要进行选择。单击"完成安装"按钮，即可完成安装。

图 6-13　QQ 安装完成后的界面

⑦ 另一种常用的方法是在该软件的官方网站上下载和安装。在主页的搜索框中输入"QQ 官方网站"，进入 QQ 官方网站主页，选择"下载"选项卡，如图 6-14 所示。选择合适的版本，单击"下载"按钮即可。

图 6-14　QQ 官方网站的"下载"选项卡

⑧ 使用软件管理软件下载，如软件助手、软件管家等，此类软件工作界面清晰，操作简单。金山毒霸的软件管家如图 6-15 所示。在"软件"列表中排列出了常用的软件，可以从中查找，也可以在搜索栏中输入关键词进行相关软件的查找。

图 6-15　金山毒霸的软件管家

任务 3　电子邮箱和电子邮件

任务分析

在大赛官网上下载了报名表，填写完毕后，需要发送电子邮件到组委会的电子邮箱。如果没有电子邮箱，需要先申请一个。

相关知识点

1. 申请电子邮箱

（1）电子邮件的工作过程

电子邮件的工作过程遵循客户端/服务器模式。每份电子邮件的发送都要涉及发送方与接收方，发送方构成客户端，接收方构成服务器，服务器包含众多用户的电子邮箱。发送方通过邮件客户程序将编辑好的电子邮件向邮局服务器（SMTP 服务器）发送；邮局服务器识别接收者的地址，并向管理该地址的邮件服务器（POP3 服务器）发送消息；邮件服务器将消息存放在接收者的电子邮箱内，并告知接收者有新邮件到来；接收者通过邮件客户程序连接到服务器后，就会看到服务器的通知，进而打开自己的电子邮箱查收电子邮件。

通常 Internet 上的个人用户不能直接接收电子邮件，而是需要通过申请 ISP 主机的一个电子邮箱，由 ISP 主机负责电子邮件的接收。一旦有电子邮件到来，ISP 主机就将邮件移到用户的电子邮箱内，并通知用户有新的电子邮件。因此，当发送一条电子邮件给另一个用户时，电子邮件首先从发件人的个人计算机发送到 ISP 主机上，然后通过 Internet 再到收件人的 ISP 主机上，最后到收件人的个人计算机。

ISP 主机起着"邮局"的作用，管理着众多电子邮箱。每个电子邮箱实际上就是用户所申请的帐户名。每个电子邮箱都要占用 ISP 主机一定容量的硬盘空间，由于这一空间是有限的，因此，用户要定期清理电子邮箱中的电子邮件，以便腾出空间来接收新的电子邮件。

（2）电子邮件的格式

电子邮件中的地址和现实生活中人们常用的信件一样，有收信人姓名、地址等。其结构是"用户名@邮件服务器"，"用户名"就是在主机上使用的登录名，"邮件服务器"是邮局服务器计算机的标识（域名），是邮局方给定的。如 support@163.com 即为一个电子邮件地址。电子邮箱具有存储和收发电子邮件的功能，是互联网中最重要的信息交流工具。常用的电子邮箱有 Yahoo mail、网易 163 mail、QQ mail、MSN mail 等。

2．收发电子邮件

电子邮件在 Internet 上发送和接收的原理可以形象地用日常生活中邮寄包裹来形容。邮寄包裹时，首先要找到一个有这项业务的邮局，填写完收件人姓名、地址等信息后，寄出包裹，包裹到达收件人所在地的邮局后，收件人取包裹的时候必须去这个邮局才能取出。同样地，当发送电子邮件时，这封电子邮件是由邮件发送服务器（任何一个都可以）发出，邮件发送服务器根据收件人的地址判断对方的邮件接收服务器，再把这封电子邮件发送到该服务器上，收件人要收取电子邮件也只能访问这个服务器。

主流电子邮箱都支持多地址群发电子邮件，并提供了抄送、密送等功能。在收件人多于一人时，应该使用"；"分隔电子邮件地址。

对新获得的电子邮箱，可以通过互联网提供的电子邮箱验证功能来验证该电子邮箱是否真实，该用户是否活跃。

给陌生电子邮箱发送电子邮件前，应养成良好的习惯，先验证其地址是否正确。

 操作过程

① 申请电子邮箱。

在互联网时代，电子邮箱已经成为人们生活中必不可少的交流媒介，本任务以申请 163 免费电子邮箱为例，学习申请电子邮箱。

ⓐ 在浏览器中输入网址"http：//mail.163.com/"，按【Enter】键，进入网易电子邮箱官方网站。

ⓑ 单击"去注册"按钮。

ⓒ 默认是"注册字母邮箱",填好信息后单击"立即注册"按钮即可。

ⓓ 单击注册页面上方的"注册主机号码邮箱"按钮,就可以直接用手机号申请了。

ⓔ 上述两种方式都必须填写手机号码,以便短信验证。手机验证完成后,电子邮箱就注册成功了。

QQ 等软件都有自带的电子邮箱,无须再申请。

② 登录电子邮箱。

登录电子邮箱的方法有以下 2 种。

ⓐ 在搜索引擎主页顶端的右侧一般会有登录电子邮箱的区域,输入电子邮箱地址,在下拉列表中选择电子邮箱服务器,输入登录密码即可。如图 6-16 所示的是在搜狗网址导航网站主页上登录电子邮箱。

图 6-16　在搜狗网址导航网站主页上登录电子邮箱

ⓑ 在电子邮箱官方网站的登录页面完成登录。如 QQ 电子邮箱、搜狐闪电子邮箱等。如图 6-17 所示的是 QQ 邮箱登录页面。

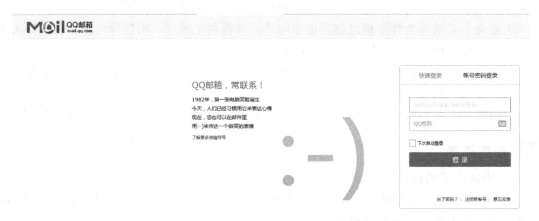

图 6-17　QQ 邮箱登录页面

③ 发送电子邮件。

不同电子邮箱的工作界面有所不同,但是操作方法是一样的。

登录电子邮箱，单击 "写信"按钮，即可进入发送电子邮件的界面。在"收件人"文本框中输入收件人的电子邮箱，如果收件人已经在通讯录中，可以直接在通讯录中查找；在"主题"文本框中输入邮件的标题，收件人可以在不打开邮件的情况下就能了解邮件内容；在"正文"区域输入邮件的简单说明；如果需要附带发送一些文件，如 Word 文档、Excel 工作簿、照片等，单击"添加附件"按钮，将这些文件以附件形式发送。所有步骤完成后，单击"发送"按钮即完成电子邮件的发送，如图 6-18 所示。

除发送文档类型的文件以外，电子邮箱还可以发送、贺卡、明信片、音视频等文件。

单击"已发送"按钮，可以查看所有已经发送的电子邮件。

图 6-18　发送电子邮件

④ 接收电子邮件。

收到的电子邮件，都会显示在收件箱中。单击"收件箱"按钮，右侧窗口则显示所有的电子邮件列表，如图 6-19 所示。单击某个电子邮件，就可以打开该电子邮件。如果需要查找某个电子邮件，可以在搜索栏中输入关键字，这样电子邮箱就会帮助用户查找出所有的相关电子邮件。

图 6-19　收件箱中的电子邮件列表

⑤ 下载电子邮件的附件。

收到的电子邮件中，有些包含附件，如图 6-20 所示。如果只有一个附件，直接单击"下载"按钮即可进行下载，若不需要下载，单击"预览"按钮，或者执行"收藏"和"转存"等操作；如果有多个附件，会显示"打包下载"选项，将所有附件放在一个压缩包中进行下载。在下载时，注意选择下载文件的保存位置。

图 6-20　包含附件的电子邮件

⑥ 管理电子邮箱。

利用"我的文件夹"按钮，可以对电子邮箱的文件进行分类整理。在该按钮上右击，弹出快捷菜单，可以像在计算机中管理文件和文件夹一样进行新建文件夹、文件夹管理等操作。

电子邮箱的空间是有限的，一定要定期清理，使用"删除"或"彻底删除"按钮完成电子邮件的删除工作。单击"已删除"按钮，可以查到已删除的电子邮件。

没有打开的电子邮件被标记为"未读"，单击"全部标为已读"按钮，可以更新电子邮件的读取状态。

在发送电子邮件后，系统会提示保存收件人的地址，编辑后保存到通讯录中，方便管理和使用。

一、填空题

1．在 Internet 中浏览信息必须通过_____，是 Web 服务的客户端浏览程序。

2．Windows 操作系统自带的是_____浏览器。

3．搜索引擎是一个对互联网信息资源进行搜索、整理和分类，并储存在网络数据库中供用户查询的系统，包括＿＿＿＿、＿＿＿＿、＿＿＿＿3 部分。

　　4．设置浏览器的默认主页，需要在＿＿＿＿对话框中完成。

　　5．电子邮件地址的结构是＿＿＿＿。

二、选择题

　　1．下列关于软件下载和安装的描述，错误的是（　　　）。

　　　　A．可以在软件助手或软件管家中下载软件

　　　　B．下载软件一定要在正规、大型的下载网站下载

　　　　C．下载和安装软件时要查看是否有捆绑软件

　　　　D．下载和安装的软件不用经过计算机安全软件的安全扫描

　　2．下列关于电子邮件的描述，错误的是（　　　）。

　　　　A．电子邮件的工作过程遵循客户机/服务器模式

　　　　B．发送电子邮件时，一定要包含附件

　　　　C．在收件人多于一人时，应该使用"；"分隔电子邮件地址

　　　　D．可以发送贺卡、明信片、音视频等文件。

做一做

　　1．浏览 PPT 模板的相关网站，下载 PPT 模板。

　　2．下载并安装 QQ 音乐。

　　3．申请一个搜狐闪电邮箱，并用该电子邮箱发送电子邮件到老师的电子邮箱。

反侵权盗版声明

电子工业出版社依法对本作品享有专有出版权。任何未经权利人书面许可，复制、销售或通过信息网络传播本作品的行为，歪曲、篡改、剽窃本作品的行为，均违反《中华人民共和国著作权法》，其行为人应承担相应的民事责任和行政责任，构成犯罪的，将被依法追究刑事责任。

为了维护市场秩序，保护权利人的合法权益，我社将依法查处和打击侵权盗版的单位和个人。欢迎社会各界人士积极举报侵权盗版行为，本社将奖励举报有功人员，并保证举报人的信息不被泄露。

举报电话：（010）88254396；（010）88258888

传　　真：（010）88254397

E-mail：　dbqq@phei.com.cn

通信地址：北京市万寿路 173 信箱

　　　　　电子工业出版社总编办公室

邮　　编：100036